미래를 읽다 과학이슈 11
Season 1

미래를 읽다 과학이슈 11 Season 1

3판 1쇄 발행 2021년 5월 1일

글쓴이 이충환 외 11명
펴낸이 이경민

편집 박희정 성형신
디자인책임 김인규
디자인 고은경
마케팅 이윤배

펴낸곳 ㈜동아엠앤비
출판등록 2014년 3월 28일(제25100-2014-000025호)
주소 (03737) 서울특별시 서대문구 충정로 35-17 인촌빌딩 1층
전화 (편집) 02-392-6901 (마케팅) 02-392-6900
팩스 02-392-6902
이메일 damnb0401@naver.com
SNS

ISBN 979-11-6363-385-3 (04400)

*책 가격은 뒤표지에 있습니다.
*잘못된 책은 바꿔 드립니다.
*이 책에 실린 모든 사진과 일러스트는 월간 과학동아에서 제공받은 것입니다.

미래를 읽다 과학이슈 11

과학이슈 11

11

Season

1

이충환 외 11명

한국과학창의재단 제작 지원

동아엠앤비

쓰나미에서 그래핀까지
최신 과학이슈를 말하다!

일본대지진이 일어나 지진해일(쓰나미)이 수많은 생명을 휩쓸어가고 원전사고로 방사능 공포에 떨게 했다. 일본에는 오래 전부터 지진해일이 잦았기 때문에 '쓰나미 (Tsunami)'라는 용어가 국제적으로 널리 쓰일 정도다. 2011년 3월 일본대지진이 일어나기 전에는 쓰나미라는 말이 좋은 뜻으로도 쓰였다. '불우이웃을 돕기 위한 성금이 쓰나미처럼 밀려왔다'라든가 '감격의 눈물이 쓰나미처럼 쏟아졌다'와 같은 표현이 말이다. 그러나 이젠 어느 누구도 이런 말은 쓰지 않을 것이다. 텔레비전을 통해 쓰나미가 얼마나 무서운지 똑똑히 봤기 때문이다.

일본대지진을 지켜보면서 궁금증도 많이 생겼다. 왜 이렇게 규모가 큰 지진이 일어난 걸까? 쓰나미가 이렇게 무서웠나? 바닷물은 왜 그렇게 시커먼 색이었을까? 일본의 원자로와 우리나라의 원자로는 어떻게 다를까? 방사선 물질이 우리나라까지 오지 않을까? 우리나라는 정말 지진과 원전사고에 안전한 것인가? 궁금증은 끊임없이 솟아나는데 누구 하나 정확하게 알려주지 않는다.

텔레비전이나 신문은 사고 소식을 알리는 데 급급하고 오히려 더 불안하게 만든다. 이 책은 우리가 꼭 알아야 할 최신 과학의 쟁점을 쉽게 파헤쳐보자는 생각에서 탄생한 것이다. 특히 우리 청소년들이 일찍부터 사회에서 일어나는 과학기술 이슈에 관심을 가져야 나중에 사회인으로서 당당히 자기 주장을 할 수 있는 습관이 생긴다. 우선 알아야 할 것 아닌가!

2010년 서울의 눈폭탄에 이어 2011년 기록적인 한파에 전국이 꽁꽁 얼어버렸다.

엎친 데 덮친 격으로 구제역으로 수많은 가축이 살처분됐다. 또한 NASA가 외계생명체를 발견했다는 소문이 돌았으나 비소 생명체로 밝혀졌고, 지구온난화 때문에 더워진다고 하는데 사람들은 왜 이렇게 춥냐고 투덜거렸다. 휘발유값 폭등에 물가도 따라서 오르고, 소비자의 마음을 사로잡는 데 과학이 한몫하고 있다. 스마트폰과 태블릿PC를 쓰면서 엄지족에서 검지족으로 바뀌었다. 두발로 걷는 로봇은 공상과학만화에서나 가능할 줄 알았는데 이제는 두발은 기본이고 인간을 두뇌를 넘보고 있다. 탄소나노 삼형제라 부르는 신소재 연구로 우리나라 과학자가 세계에 이름을 떨치고 있다.

이렇게 과학적으로 중요한 일들이 매일 매일 쏟아져 나오는 지금, 과학기술의 성과와 중요성을 알리는 데 앞장서고 있는 전문가들이 한자리에 모였다. 우리나라 대표 과학 매체의 편집장들과 과학전문 기자, 과학칼럼니스트, 연구자들이 모여 2010년부터 이슈가 됐고 앞으로 우리 생활에 중요한 역할을 할 과학기술 10가지를 선정했다. 여기에 갑자기 발생한 2011년 3월 일본대지진을 포함해 모두 11가지 핫이슈가 됐다.

저자들의 바람은 한결 같다. 청소년들뿐만 아니라 급격하게 변하는 이 시대를 사는 현대인들이 언제, 어디서나 과학기술을 이야기하고 잘못을 지적할 수 있는 교양을 갖췄으면 하는 것이다. 이 책이 그 시작이 됐으면 한다.

2011년 4월
편집부

contents

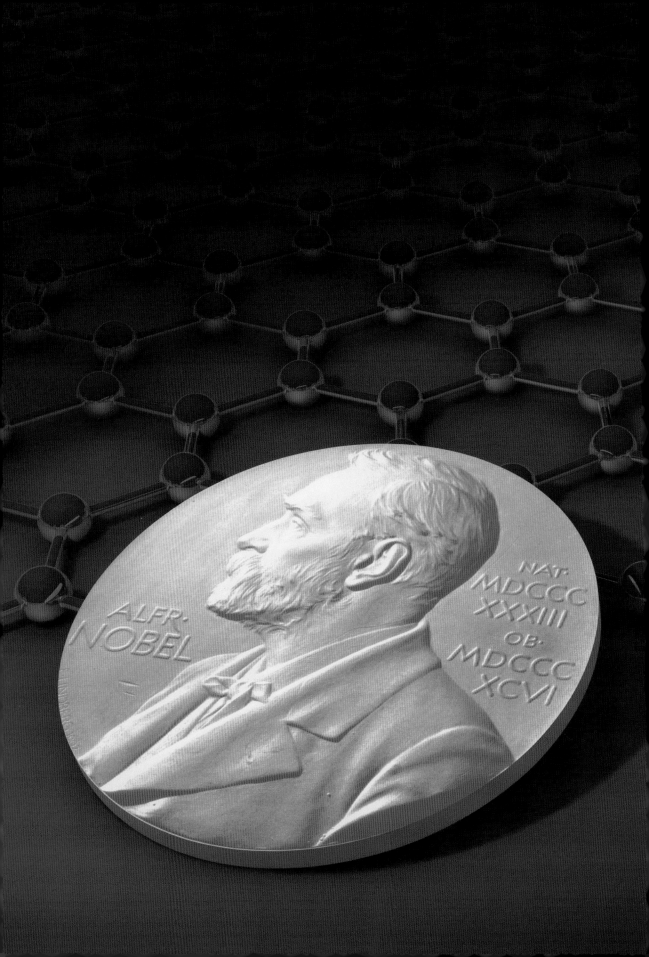

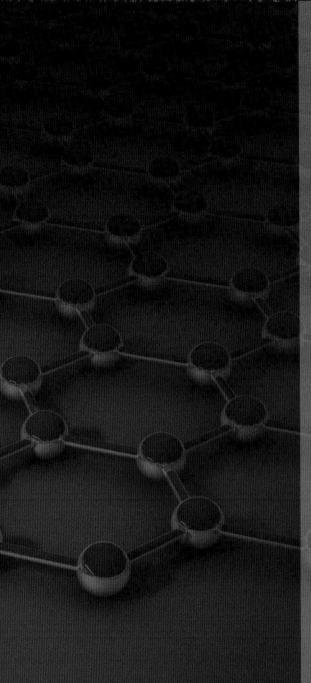

issue 01 일본대지진
지진해일과 원전사고

2011년 3월 11일 오후 2시 46분, 일본 동북부 미야기 현
동쪽 130km 바다에서 리히터 규모 9.0의 강진이 일어났다. 육지와 워낙 가까운
바다에서 일어난데다 진원이 24km로 비교적 얕았기 때문에 즉각 높이가 10m에 달하는
지진해일(쓰나미)이 일본 동쪽 해안에 들이닥쳤고, 심한 곳은 10km 안쪽까지 해일에
휩쓸렸다. 쓰나미는 반나절에 걸쳐 지구 반대편으로 전해져 남태평양 폴리네시아와
남북아메리카 20여 나라는 쓰나미 공포에 떨어야 했다.
하지만 진짜 위험은 그 뒤에 왔다. 태평양 해안에 자리한 원자력발전소가 지진과 쓰나미에
크고 작은 오작동을 일으켰다. 진원과 가까운 오나가와 원전, 후쿠시마 제1, 제2원전, 토카이
원전이 집중적인 피해를 입었다. 이 중 후쿠시마 제1원전은 발전소 외벽이 폭발하고 일부
방사성 물질이 공기 중으로 새는 '중대사고'를 맞았다. 사상 최악의 재앙이 될 수 있는
상황이었지만 다행히 사고 뒤 2주가 지나면서 수습되는 분위기다. 하지만 자연의 막대한 힘과
통제력을 잃은 기술 앞에서 인간이 얼마나 무력해질 수 있는지를 보여 준 순간이었다.

일본을 덮친 최악의 지진해일

김윤미(과학동아 기자)

마치 영화의 한 장면 같았다. 아니 어떤 영화도 그렇게 무서운 장면을 담담하게 담아낸 적은 없었다. 해저 지진이 만든 집채만 한 지진해일(쓰나미)은 고속열차와 같은 속도로 돌진해 순식간에 평화로운 어촌을 집어 삼켜버렸다. 목조건물은 산산조각이 났고 자동차들이 물살에 이리저리 휩쓸려 다녔다. 바다 위에 떠 있어야 할 배는 도로 위를 뒹굴었다. 헬리콥터에서 내려다 본 영상에서 사람의 모습은 잡히지 않았다. 하지만 모두 알 수 있었다. 집 안에서, 도로에서, 산 위에서 공포에 떨었을 그들을….

일본 혼슈 센다이 동쪽 179㎞ 떨어진 해역에서 규모 9.0의 지진이 발생한 것은 3월 11일 오후 2시 46분. 일본기상청과 미국 태평양지진해일경보센터(PTWC)는 3분만인 2시 49분에 일본 동해안과 타이완, 사이판, 알래스카 등 태평양 인접 해안에 지진해일 주의보 또는 경보를 발령했다. 그러나 일본 주민들은 미처 대피할 새도 없었다. 경보 발생 30분 만에 이시노마키시 아유카와 해안에서 지진해일 파고가 관측됐다. 3시 21분에는 카마이시항에서 높이 4.1m인 해일파고가, 3시 50분에 소마항에 높이 7.3m, 4시 52분에는 오오아라이항에서 4.2m의 해일파고가 관측됐다. 지진에서 해일까지 두 시간도 채 걸리지 않았다.

연안에서 일어난
거대 지진이 원인

이번 센다이 지진해일은 태평양판 위로 유라시아판이 튕겨 오를 때 위에 있던 바닷물이 출렁거리면서 일어났다. 상승한 바닷물이 다시 수면을 수평으로 맞추기 위해 주변으로 퍼지는데 바닷물이 육지에 가까워지면서 파고가 높아졌다. 보통 해저의 산사태나 해저 화산, 운석이 바다에 충돌할 때도 해일이 발생할 수 있지만 지진으로 발생할 때가 위력이 가장 크다. 바닥에서부터 힘을 받아 물기둥 전체가 움직이기 때문이다.

미국 해양대기청(NOAA)의 발표에 따르면 이번 센다이 지진해일은 외양에서 관측한 것 중에서 규모가 가장 컸다. 전문가들은 불행하게도 이번 지진이 '거대 쓰나미'를 만들 수 있는 조건을 모두 갖추고 있었다고 말한다. 일반적으로 지진해일은 규모가 6.3 이상이고 진원 깊이가 80km 이하인 얕은 지진에서 일어난다. 그런데 센다이 지진은 규모가 9.0인데다 진원 깊이가 24km에 불과해 땅으로부터 방출된 힘이 바로 바닷물로 전달됐다. 또 지진

일본 이와테 현 리쿠젠타카다 시의 지진해일 전(왼쪽)과 후를 인공위성으로 같은 각도로 찍었다. 거의 모든 목조건물이 파괴되고 논과 밭이 물에 잠겼다. 지진해일의 피해가 극명하게 드러난다.

의 형태가 상반층이 위로 올라가는 역단층이라 위에 있던 바닷물이 강하
게 쳐들어 올려졌다.

풍부한 수량도 지진해일을 키웠다. 일반적으로 지진해일은 수심이 1㎞
이상인 깊은 바다에서 일어난다. 이호준 삼성생명 부설 삼성방재연구소 수
석연구원은 "이번에 발생한 지진의 진원이 두 판이 서로 수렴하는 해구의
경사면이어서 지진해일을 일으킬 만큼 수심이 충분했을 것"이라고 말했다.
지진해일의 전파속도는 중력가속도×수심의 제곱근에 비례한다. 이 공식
에 따르면 수심이 6㎞에 달하는 태평양 한가운데를 지날 때는 지진해일의
전파 속도가 민간 항공기와 비슷한 시속 800㎞에 이른다. 이 수석연구원
은 "지진의 진앙이 일본 동부 해안으로부터 130㎞밖에 떨어지지 않아 지
진해일이 더 빠르게 도달해 피해가 컸다"고 말했다.

센다이 **지진 예상**은 했지만…
이토록 큰 줄은 몰랐다

지진은 3월 11일 현지시각으로 오후
2시 46분에 일본 혼슈 센다이 시에서 동쪽으로 179㎞ 떨어진 해역에서 일
어났다. 크기는 리히터 규모 9.0으로 역대 4번째로 크고 일본에서 발생한
지진 중에서 가장 강력했다. 규모는 지진의 절대적 강도로 지역에 관계없이
똑같지만 진도는 사람이 느끼는 진동이나 건물이 피해를 입은 정도를 수치
적으로 표시한 것이기 때문에 지역에 따라 달라질 수 있다.

지진은 각각 육지와 바다를 이루는 거대한 '지각판' 두 개가 서로 밀면서
일어났다. 일본 열도를 비롯해 한반도와 중국이 속해있는 거대한 대륙지각
인 유라시아판은 서에서 동으로 이동한다. 반면 태평양 전체를 이루는 해
양지각인 태평양판은 동에서 서로 이동한다. 이 둘이 서로 맞물린 채 버티
자 점점 큰 힘이 쌓였다. 그러다 버틸 수 있는 한계를 넘어서 순간적으로 지
각판이 깨지며 모였던 힘이 방출됐다. 마치 양쪽에서 밀린 스티로폼 판이
한순간 '팍' 소리를 내며 부러지는 것과 같은 이치다. 센다이 지진은 유라시
아판이 태평양판 위로 올라서며 역단층이 발생했다. 만일 두 판이 서로 반
대방향으로 움직이는 인장력이 작용하면 상반이 아래로 미끄러지는 정단

층이 생성된다.

일본은 하루에도 크고 작은 지진이 몇 번씩 일어나는 환태평양 조산대(지진대)에 속해있다. 일본 지진조사연구추진본부는 지진 사례 통계 분석을 통해 센다이 지진을 98%까지 예측했었다. 이번 지진이 전혀 뜻밖의 장소에서 일어난 것은 아니라는 얘기다. 그럼에도 센다이 지진의 발생 원인에 대해서는 몇 가지 논란이 제기되고 있다.

첫째, 사실 일본 동북부 지역은 11일 센다이 지진(규모 9.0)이 일어나기 며칠 전부터 지진활동이 활발했다. 이틀 전인 9일 일본 혼슈 동부 인근 연안에서 규모 7.2의 지진이 발생해 일본 연안에 지진해일 경보가 발령됐었다.

그 다음날에도 인근 해역에서 규모 6.3 지진이 발생했다. 혼슈 지역에는 5도 내외의 여진이 자주 발생하나, 7도를 넘어선 것은 올 들어 처음이었다.

이런 이유로 일부 지진학자들은 센다이 지진(11일)을 이틀 전에 일어난 규모 7.2 지진(9일)의 여진이라고 주장한다. 영국 얼스터대의 지구물리학자인 존 맥클로스키 박사는 '네이처'와의 인터뷰에서 "9일 지진으로 지각구조에 있던 진동 스트레스가 변한 것을 기술적으로 확인했다"며 "11일 센다이 지진이 9일 지진의 여진"이라고 주장했다. 그는 "규모 7.2는 규모 9.0보다 크기는 훨씬 작지만 규모 9.0 지진이 일어난 단층에 상당히 큰 응력을 제공해 여진을 일으켰을 것"이라고 말했다.

그의 주장이 생소하게 느껴지는 이유는 많은 사람들이 여진은 본 지진보다 크기가 작다고 알고 있기 때문이다. 여진은 대개 큰 지진이 발생하고 남아 있던 힘이 인근의 땅을 움직이며 일어난다. 하지만 지각판들이 서로 맞물려 있어 축적된 힘 일부가 다른 곳으로 옮겨갈 수 있다. 그러면 다른 경계에 축적됐던 힘과 합쳐져 또 다시 지진이 일어난다. 맥클로이의 주장대로라면 상대적으로 작은 지진이 큰 지진을 유발할 수도 있는 것이다.

둘째, 이제껏 지각판들이 수렴하는 구역에서 발생하는 큰 지진은 대개 젊은 해양판에서 일어난다고 알려져 왔다. 오래된 판은 온도가 낮고 밀도가 높아 다른 판 아래로 쉽게 미끄러져 들어가기 때문이다. 하지만 이번에 지진이 일어난 일본 동북부 해양지각판은

파고가 높은 지진해일은
콘크리트 건물도 무너뜨린다.

'불의 고리' 환태평양 지진대

세계의 모든 해안 지방이 지진해일에 노출될 수 있지만, 거대하고
파괴력 있는 지진해일의 대부분은 태평양과 주변 해역에서 발생한다.
태평양의 규모가 거대하고 이 지역에 대규모 지진이 많이 발생하기
때문이다. 고체지구물리 및 지진해일에 관한 세계정보센터(WDC)가
2005년 펴낸 자료에 따르면 확인된 1106건의 지진해일 중 82%가
태평양 지역에서 발생했다. 10%가 지중해, 흑해, 홍해 및
대서양 북동부이고 5%가 카리브해 및 대서양 남서부, 1%가 인도양,
다른 1%가 대서양 남동부였다. 거의 모든 메가 지진과 지진해일은
'불의 고리'라 불리는 환태평양 지진대에서 발생한 셈이다.

9.0 1952년
러시아 캄차카 지진

9.0 2011년
일본 혼슈 센다이 지진

태평양-필리핀, 인도네시아
필리핀 남부에서 인도네시아에
이르는 서부 태평양 지역은
판의 구조가 상당히 복잡하다.
때문에 187번이라는 많은
국지 지진해일이 일어났다.

9.1 2004년
인도네시아 수마트라 지진

인도양-인도네시아, 안다만, 니코바 섬
2004년 최악의 지진해일이 수마트라
서쪽 해상에서 발생했다. 역사적으로
거대한 지진들이 발생한 바 있다.

태평양-남서부
뉴기니, 뉴칼레도니아, 솔로몬
및 바누아투를 포함하는 태평양
남서부 지역에서 총 87차례의
국지 지진해일이 관측됐다. 1998년
규모 7.1의 지진으로 사면 붕괴성
지진해일이 발생해 파푸아뉴기니에서
22000여 명의 인명피해를 입었다.

약 1억 4000만 년 전에 생성된 상당히 노후한 지각이다. 지질학자들은 이
처럼 낡은 지각판에서 이 정도로 큰 규모의 지진이 일어날 거라고는 생각하
지 못했다는 반응이다. 캘리포니아공과대학교의 지진학자인 히루 카나모
리는 "일본 북동부에서 규모 8 지진은 있었지만 이보다 에너지가 30배가
넘는 규모 9의 지진은 처음"이라고 말했다. 따라서 이번 지진은 오래된 해
양판을 가진 또 다른 수렴대 지역에 거대 지진의 시작을 알리는 경고일 수
있다. 노스웨스트대학교의 에밀리 오칼 교수는 "호주 동쪽에 있는 통가 근

9.2 1964년
미국 알래스카 지진

태평양-알래스카, 알류샨, 태평양 북서부 지역

일본 북부, 캄차카, 쿠릴을 포함하는 태평양 북서부와 알류샨 열도, 그리고 알래스카만에서는 파괴적인 원거리 지진해일이 많이 발생해 왔다. 1946~1964년까지 하와이는 이들 지역에서 발생한 원거리 지진해일의 영향을 다섯 번이나 받았다.

태평양-캐스캐디아 주변지역

고지진학 연구를 통해 1700년 1월 26일 태평양 북서 해상에서 발생한 규모 9 이상의 지진이 일본 북동부에 지진해일을 일으켰다는 사실이 밝혀졌다. 과학자들은 캐스캐디아 섭입대에서 발생할 것으로 예상되는 대규모 지진이 이미 시간을 넘겼다며 북미 북서부 지역에 대한 지진해일 대비활동을 강화하고 있다.

태평양-남아메리카

남미의 나스카판과 태평양판 사이의 섭입대에서 발생하는 대규모 천발 해상지진은 강력한 원거리 지진해일을 일으킨다. 1960년 5월 22일 칠레에서 발생한 규모 9.5의 지진과 지진해일로 15시간 뒤 하와이에서 61명이 사망하고 22시간 뒤 일본에서 122명이 인명피해를 입었다. 이를 계기로 1965년 태평양 지진해일 경보시스템이 구축됐다.

9.5 1960년
칠레 발디비아 지진

처와 대서양과 멕시코만에 접한 카리브해의 북동쪽 지역이 해당할 것"이라고 말했다.

셋째, 한동안 인터넷에서는 19년 만에 뜨는 가장 큰 달인 '슈퍼문(Supermoon)'이 이번 지진을 불러왔다는 소문이 나돌았다. 슈퍼문은 달이 지구와 가장 가까워지는 '달 근지점'에 있을 때 달이 유난히 크고 밝게 보이는 현상이다. 달과 지구의 거리가 평균(38만여km)보다 3만km 가량 가까운 35만 6215km로 좁혀져 달이 유난히 크고 밝게 보이는 것. 슈퍼문을 주장하는 사람들은 지구와 달의 거리가 짧아져 달의 인력이 지구의 지질활동에 상당한 영향을 준다고 주장한다. 하지만 미국 지질조사국(USGS)은 '슈퍼문'과 지진활동이 관계있다는 어떤 증거도 발견하지 못했다고 일축했다. 지진은 수백 년간 지각에 응력이 쌓여서 나타나지 달과는 상관없기 때문이다.

영국 국립해양센터의 케빈 호스버그도 슈퍼문과 관련한 재난발생설에 대해 "그들이 어디서 그런 아이디어를 얻었는지 모르겠다"며 해와 달이 일직선상에 있을 때는 달의 조석력이 평소보다 10~15% 강하지만 이것이 조수가 10~15% 높아지는 것을 뜻하는 것은 아니라고 말했다.

지진해일에 관한 6가지 궁금증
왜 지진해일은 파고가 높을까

지진해일파가 전파되는 모습은 연못에 돌을 던졌을 때 물결이 동그란 파형을 이루며 퍼지는 것과 같다. 즉 우리가 해안가에서 본 긴 파도는 진앙에서 퍼져나간 물결의 한 단면이다.

지진해일파는 파장(마루와 마루 사이)이 매우 길어 일반적인 해양파와 구분된다. 보통 심해에서의 파장은 길이가 100㎞를 넘고 주기는 10분에서 한시간에 이른다. 파장이 매우 길기 때문에 전파속도가 빠르고 파형에 큰 변화가 없어 에너지가 먼 거리로 전파된다.

화면에서 봤던 지진해일의 높은 파도는 해안가에서나 볼 수 있다. 지진이 일어난 바로 위 해상에서는 파고가 낮아 바닷물이 울렁거리는 모습조차 보이지 않는다. 대신 빠른 속도로 전파하다가 수심이 얕은 해안으로 접근할수록 파고가 높아지고 속도가 느려진다. 심해에서는 에너지가 해수면에서 깊은 해저까지 분산되지만 수심이 낮은 해안에서는 짧은 거리에 에너지가 집중되기 때문이다. 해안가에 도달한 지진해일의 평균 속도는 시속 45~70㎞로 뚝 떨어진다. 하지만 파도가 압축되면서 에너지가 응축돼 엄청난 힘이 생긴다. 솟아오른 파도는 해수면과의 마찰 때문에 윗부분이 아랫부분보다 약간 앞으로 기울어져 있다. 지진해일은 10~45분의 간격으로 수차례 해안지역에 도달한다.

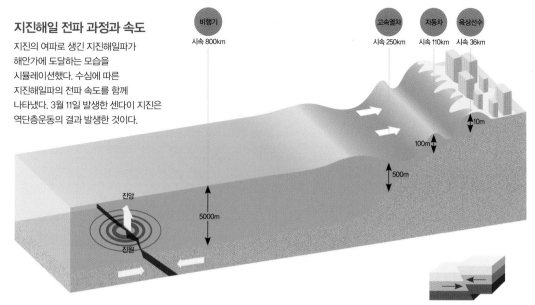

지진해일 전파 과정과 속도

지진의 여파로 생긴 지진해일파가
해안가에 도달하는 모습을
시뮬레이션했다. 수심에 따른
지진해일파의 전파 속도를 함께
나타냈다. 3월 11일 발생한 센다이 지진은
역단층운동의 결과 발생한 것이다.

비행기
시속 800km

고속열차
시속 250km

자동차
시속 110km

육상선수
시속 36km

10m

100m

500m

5000m

진앙

진원

역단층운동
지구내부의 열대류가
하강하는 곳에서 일어난다.
두 지각이 서로 충돌한다.

정단층운동
지구내부의 열대류가
상승하는 곳에서 일어난다.
두 지각이 서로 멀어진다.

주향이동단층운동
지각이 수평으로 이동하므로
해일이 생기지 않는다.

사람이 달려서 지진해일을 피할 수 있나

　이론적으로 지진해일의 속도는 5000m 수심에서 비행기와 같은 시속 800㎞다. 수심 500m에서는 고속열차 속도인 시속 250㎞, 수심 100m에서는 자동차와 같은 시속 110㎞, 해안가에서 파고가 10m일 때는 36㎞ 정도다. 하지만 지진해일파의 속도는 지형의 형태나 높이, 파동이 들어오는 방향 등에 따라 달라진다. 이번처럼 자동차가 전속력으로 달려도 따라잡힐 정도로 빠르게 진입하기도 한다. 홍성진 국립방재연구소 연구원은 "연안에서 해일을 목격한 다음에 뛰어서 대피하기란 거의 불가능하다"며 "지진해일을 피하는 가장 좋은 방법은 멀리 가는 게 아니라 무조건 높은 곳으로 올라가는 것"이라고 설명했다.

콘크리트 건물도 무너뜨리나

　방송에서 파도에 집들이 힘없이 부서지는 것을 보고 충격을 받은 사람이 많다. 콘크리트 건물도 지진해일에 속수무책일까. 홍성진 연구원은 "일반적으로 철근콘크리트 구조물은 지진해일로 붕괴되지 않는다"고 말했다. 그는 "일본에서 지진해일의 피해가 특히 심했던 이유는 지진해일의 피해를 입은 마을이 대부분 목조건물이었기 때문"이라며 "목조건물은 지진의 흔들림에는 강하지만 기초가 약하기 때문에 지진해일처럼 한쪽에서 큰 힘으로 밀 경우 매우 취약하다"고 설명했다.

하지만 콘크리트 건물이 지진해일로 부서지는 게 드문 일은 아니라는 의견도 있다. 이호준 수석연구원은 "1943년 알래스카 지진해일로 높이가 30m나 되는 콘크리트 등대가 기초부분만 남고 송두리째 사라졌다는 기록이 있다"며 "파고가 4~10m 정도 되면 콘크리트 건물의 일부는 손상되고 벽돌 건물은 거의 무너진다"고 말했다.

육지로 올라온 바닷물 색이 왜 시커멓나

지진해일은 연안으로 올라올 때 해저 바닥을 파내려가듯 휘저으며 올라오기 때문에 여러 가지 부유물질이 딸려 들어온다. 이번 지진해일이 발생했던 일본 동해 연안은 갯벌 진흙이 섞여 시커멓게 보였다. 참고로 2004년에 지진해일 피해를 입은 인도네시아 수마트라 섬은 해변이 하얀 모래사장이라 지진해일 파도도 하얗게 보였다.

사실 지진해일로 유입된 부유물질은 피해를 키우는 주요 원인이다. 이 수석연구원은 "지진해일과 함께 엄청나게 많은 양의 해저물질이 육지로 들어오는데 나중에 이 쓰레기를 치우는 것도 보통일이 아니다"고 설명했다. 부유물질에 의한 침식피해도 크다. 바닷물에 자갈이나 모래가 섞이면 물건이나 건물에 부딪칠 때 파괴력이 일반 파도보다 훨씬 더 세다. 이 연구원은 "지진해일 파도에 맞은 사람들의 피부에는 일반 파도에서는 볼 수 없는 상처들이 많이 있다"고 설명했다.

육지로 올라온 바닷물은 왜 빠져나가지 않나

화면에서는 지진해일의 긴 파도가 육지 내부까지 쭉 밀고 들어왔다가 빠져나가지 않고 남아 있는 것처럼 보였다. 하지만 지진해일파는 육지로 유입하는 힘뿐 아니라 다시 바다로 되돌아가는 복원력 또한 무척 크다. 이 수석연구원은 "바닷물이 육지로 올라오는 것도 한 순간이지만 빠져나가는 것도 순식간"이라며 "바닷물이 육지에 머무른 것처럼 보이는 이유는 파장이 너무 길어 다음 파도가 오기까지 수십 분이 걸리기 때문"이라고 설명했다. 이 연구원은 "들어올 때보다 돌아나갈 때 지진해일파는 더 큰 가속도를 갖기 때문에 물이 빠질 때 침식 피해도 상당하다"고 말했다.

지진의 피해가 클까, 지진해일의 피해가 클까

이번 센다이 지진은 사망자 중 90%가 익사로 판명됐다. 사상자로 보면 상대적으로 지진해일의 피해가 더 컸던 셈이다. 일본 내각부가 2004년 남아시아 지진해일 사례를 참고로 지진과 지진해일이 건물에 미치는 힘을 각각 비교한 연구결과가 있다. 지진과 지진해일이 함께 해안가를 강타했을 때 해일의 진행방향으로 약 15m의 폭을 가진 4층 철근콘크리트 건물이 서 있을 경우 지진해일의 쳐오름높이가 3m가 넘으면 지진해일 파력이 더 크고 3m 이하면 지진력이 더 크게 작용했다. 이때 벽이 받는 압력은 강풍 압력의 20배가 넘었다. 또 지진해일의 쳐오름높이가 3m라면 1~3층 건물에는 지진해일 파력이 더 크게 작용하고 5층 건물 이상에는 지진력이 더 크게 작용했다.

동해에서 지진해일이

일어난다면?　　　　　　일본 동북부 해역에서 발생한 센다이 지진해일은 일본열도가 일종의 방파제 역할을 해 우리나라에는 별다른 영향을 미치지 않았다. 하지만 우리나라 동해에서 지진해일이 발생한다면 얘기가 달라진다. 국내 지진 전문가들은 일본 서해안을 따라 동해 해저에 남북으로 길게 지진대가 발달해 있으므로 이곳에서 지진이 일어난다면 동해안도 지진해일을 피할 수 없다고 경고하고 있다.

실제로 일본 서해안에서 일어난 지진해일로 우리나라가 피해를 입은 기록은 5회 정도 남아 있다. 1741년 칸포 지진해일, 1940년 산코탄 지진해일, 1946년 니가타 지진해일, 1983년 아키다 현 지진해일, 1993년 홋카이도 오쿠시리 섬 지진해일이다. 이 중 1983년에 일어난 아키다 현 지진해일로 강원도를 비롯한 동해안 지역에서 사상자가 3명이나 발생하기도 했다. 우리나라도 지진해일에서 안전지대만은 아니라는 얘기다.

만일 동해에 지진이 일어나면 어떻게 될까. 소방방재청 방재연구소가 작

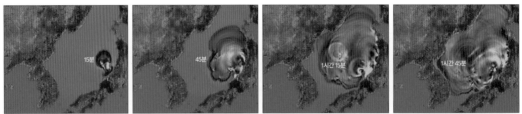

발생원 1 경도 137.5°, 위도 37.5° 지진규모 8.0 진앙이 상대적으로 우리나라 동해안과 가까워서 지진해일파가 동해안까지 도달하는 데 1시간 30분이 걸릴 것으로 예상된다. 하지만 파의 에너지가 동해안에 집중되지 않아 상대적으로 작은 2.0~2.5m의 파고분포를 나타냈다.

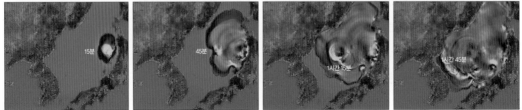

발생원 2 경도 138.0°, 위도 39.0° 지진규모 8.0 동해 중심부에 있는 대화퇴의 영향을 크게 받아 파의 에너지가 우리나라 동해안으로 집중된다. 예상 파고가 3.0~5.0m로 높다.

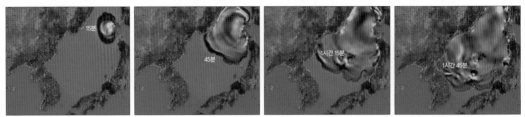

발생원 3 경도 139.1°, 위도 42.1° 지진규모 8.0 발생원 중 가장 북쪽이다. 지진해일파의 전파가 러시아 해안으로 집중되고 일부분은 대화퇴의 영향을 받아 파의 에너지가 약하다. 상대적으로 우리나라 동해안에는 영향이 작아 예상 파고는 2.0~2.5m다.

성한 가상지진해일 시나리오에 따르면 일본 서해(우리나라의 동해)에서 규모 8.0의 지진이 날 경우 우리나라 동해안에는 1시간 반 만에 지진해일이 도착할 수 있다. 파고도 2~5m에 달해 상당한 피해가 예상된다. 보고서는 동해 중심부에 위치한 대화퇴의 영향으로 동해안에 지진해일파가 집중된다고 분석했다. 대화퇴는 동해 한가운데서 평평하게 솟아 오른 고원지대로 수심이 200m 내외인 지형이다. 그만큼 지진해일은 해저지형의 영향을 크게 받는다.

이 자료를 바탕으로 방재연구소는 동해안의 '지진해일 침수예상도'를 작성하고 있다. 대상은 주로 동해안의 주요 항만지역과 여름철 인구밀도가 높은 해수욕장, 그리고 과거 해일로 피해를 입었거나 현재 해일위험지역으로 지정되어 있는 곳 등 40개 지역이다. 지진해일 침수예상도에는 지진해일 발생 시 지진해일 도착시간, 지역별 예상파고뿐 아니라 대피장소와 대응 방법이 담긴다. 소방방재청은 이 침수예상도와 재해정보를 담은 '지진해일대응시스템'을 2014년까지 구축해 해당 자치단체와 주민들에게 배포할 계획이라고 밝혔다.

전문가들은 지진해일 경보가 울리면 무조건 높은 곳으로 이동하는 것이 최선이라고 조언한다. 이호준 수석연구원은 "일본은 지진이 바로 해안가 근처에서 일어나기 때문에 지진 후 바로 피하지 않으면 지진해일의 피해를 피할 수 없지만, 우리는 적어도 1시간 이상 대피할 시간이 주어져 그나마 나은 편"이라고 말했다.

그는 "지진해일이 일어났을 때 이를 탐지하고 빠르게 경보를 발령하는 시스템은 우리도 선진국 수준"이라고 말했다. 하지만 이를 국민에게 알리고 대피시키는 능력에 대해서는 회의적인 반응을 보였다. 우리나라는 지진해일 경보를 울리는 곳과 대피명령을 내리는 곳이 달라 두 곳이 상호 연동되지 않으면 시간이 지체될 수 있기 때문이다.

또 지진해일은 워낙 드물게 일어나는 일이라 국민들이 지진해일에 대한 개념이 없고 훈련이 안 돼 있다. 이 수석연구원은 "동해안 해안도로에 있는 가로등을 모두 깜빡거리게 한다든지, 일시에 재난 문자를 보내는 등 대피명령을 신속하게 알리는 시스템을 철저히 준비해야 한다"고 말했다.

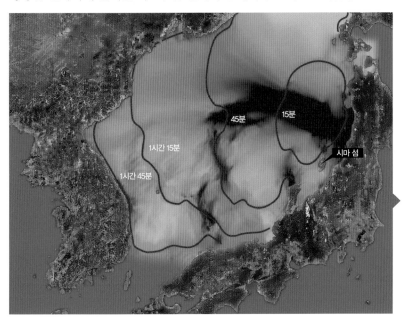

일본 시마 섬 근처(발생원 2)에서 발생한 지진해일파의 예상 전파 모습이다. 1시간 30여 분이면 우리나라 동해안에 높이 3.0~5.0m의 지진해일이 들이닥친다. 이곳에서 지진해일이 일어나면 우리나라에 가장 큰 영향을 미칠 것으로 예상된다.

원전사고 5가지 핵심 쟁점

윤신영(과학동아 기자)

'노심용융'과
'수소 폭발'은 왜 일어났나?　　　　　　이번 사고를 통해 사람들의 뇌리에 가장 깊이 각인된 단어는 '노심용융(core meltdown 또는 nuclear meltdown)'이라는 말이다. '냉각수에 잠겨 있어야 할 연료봉이 대기 중에 노출돼 액체 상태로 녹으면서 방사성 물질을 방출한다'는 정도가 알려져 있다. 그런데 장면이 잘 상상이 되지 않는다. 과연 어떤 일이 벌어졌기에 이토록 위험한 걸까.

원자력발전소는 우라늄이나 플루토늄의 원자에 중성자를 부딪혀 쪼갠 뒤, 이 때 나오는 방사성 에너지로 물을 끓여 증기를 만든다. 이 증기로 터빈을 돌리면 전기가 만들어진다. 후쿠시마 원전처럼 붕괴열로 냉각수를 직접 증기로 만들면 '비등식'이고, 가열한 물을 이용해 다시 외부에서 끌어온 물을 증기로 바꾸면 '가압식'이라고 한다. 한국형 원자로는 모두 가압식이다.

원전은 지진처럼 급박한 상황이 되면 운전을 멈춘다. 핵분열이 일어나려면 핵연료에 중성자를 쏴 충돌시키는 과정이 필요하다. 따라서 중성자를 흡수하는 '제어봉'을 연료봉 사이에 집어넣으면 중성자가 사라져 핵분열이 중단된다. 이렇게 핵분열이 멈추면 그 동안 핵분열을 하는 과정에서 생긴 방사성 물질이 안정되는 과정에서 약간의 방사선 에너지, 즉 붕괴열(잔열,

decay heat)이 발생한다. 따라서 운전을 멈춰도 평상시의 8% 정도의 열이 남는다. 예를 들어 100MW의 전기를 생산할 수 있는 원자로였다면(전력 생산 효율을 약 33%로 가정하면 실제로 방사성 에너지는 300MW를 생산한다), 사고가 나자마자 약 8MW 정도로 출력이 줄어든 채 계속해서 에너지를 생산하는 셈이다(방사성 에너지는 24MW). 이후 약 1시간이 지나면 다시 1%인 1MW로 줄어든다.

문제는 이 다음부터 방사성 에너지가 줄어드는 속도가 급격히 느려진다는 점이다. 1%였던 에너지가 10분의 1인 0.1%로 줄어드는 데는 약 1달이 걸린다. 그런데 이 정도로 작은 붕괴열도 원자로의 내부 온도를 높이는 데 충분하다. 제무성 한양대 원자시스템공학과 교수는 "1달 뒤의 출력인 0.1MW도 작은 실험용 원자로를 최고 사양으로 가동했을 때와 비슷한 수준"이라며 "이 안에서는 여전히 무시할 수 없는 수준의 에너지가 만들어지고 있다"고 말했다.

붕괴열도 연료봉을 포함한 원자로의 노심(core) 온도를 높인다. 이 열은 연료봉을 둘러싸고 있는 코팅 물질, 즉 피복재(지르코늄(Zr) 합금을 쓴다)를 녹이고 마지막으로 연료봉 안에 들어 있는 방사성 연료 조각(펠릿)을 녹여 액체로 만든다. 방사성 연료는 고체일 때는 방사성 기체를 많이 내뿜지 않

지만 액체로 변하면 에어로졸 형태로 많은 양을 내뿜는다(아래 그림 **⑤**,**⑥**). 특히 이때에는 평소에 발생하는 요오드나 세슘 외에 스트론튬 등 다른 방사성 물질이 흘러나올 수 있어 더욱 위험하다. 이들 방사성 물질은 평소대로라면 격납용기 안에 갇혀 있지만, 이번처럼 안에서 발생한 수소를 빼거나 냉각수를 강제로 넣을 때 외부로 빠져나올 수 있다.

이번 원전 사고에서 첫날 재앙의 시작을 알린 '수소가스폭발'은 원자력 발전의 핵분열 현상과는 거리가 먼 '외적인' 문제다. 방사성 연료를 둘러싸고 있는 피복재에 강한 수증기(H_2O)가 반복해서 닿으면 안에 포함된 지르코늄이 산소와 결합한다(산화). 이 과정에서 물에 있던 수소 원자가 기체 형태로 나오는데, 농도가 높아지면 900℃의 높은 열과 산소를 만나 강한 폭발을 일으킨다. 따라서 수소 기체를 연료봉을 밀봉하고 있는 압력용기에서 빼내야 한다. 후쿠시마 원전은 사고 초기에 수소 기체를 빼냈는데, 이때 나온 수소가 원자로 외부를 둘러싸고 있는 벽 중 가장 바깥벽 안쪽에 고여 있었다. 그러다 건물의 내부 온도가 올라가면서 폭발을 일으킨 것이 사고 초기의 수소폭발이다. 이은철 서울대 원자핵공학과 교수는 "폭발 전에 수소 기체를 미리 빼내지 않았다는 지적이 있지만, 연료봉에서 나온 기체에는 요오드, 세슘 등 방사성 물질이 포함돼 있을 가능성이 높다"며 "누출을 막기 위해 끝까지 방출을 망설였던 것으로 보인다"고 설명했다.

사고, 어디에서 일어났나

후쿠시마 제1원자력발전소

❶ 지진으로 인해 원전 작동 정지.
❷ 쓰나미로 비상 디젤발전기 정지.
　 냉각수 공급 장치 정지.
❸ 냉각수 수위 낮아져 연료봉 공기 노출.
❹ 연료봉 과열(350℃), 지르코늄 피복 산화 시작.
　 수소 기체 발생.
❺ 펠릿(우라늄 연료 조각)에서는 평소 방사성 세슘과 크세논,
　 네온 등의 비활성기체 미량 발생. 크세논은 뒤에 방사성
　 요오드(I131)로 변환. 미세입자(에어로졸) 형태가 돼
　 냉각수에 섞임.
❻ 고온(2000~2800℃)에 펠릿 녹기 시작(용융).
　 방사성 요오드, 세슘 외에 스트론튬 발생.
❼ 사고 후 격납용기 안에 냉각수 넣으려 시도. 이를 위해
　 수소 기체 배출(방사성 물질 일부 포함).
　 이 수소는 제2외벽 안쪽에 고임.
❽ 고온(900℃)에 수소폭발 발생. 외벽 또는 천장 붕괴.
　 방사성 기체 고온고압 상태로 분출.

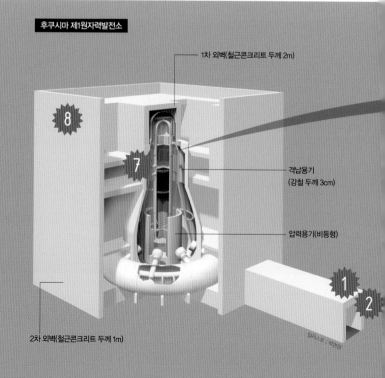

1차 외벽(철근콘크리트 두께 2m)

격납용기
(강철 두께 3cm)

압력용기(비등형)

2차 외벽(철근콘크리트 두께 1m)

일러스트 | 박현정

어떻게
대응했나?

전문가들은 이번 후쿠시마 원전 사고를 5등급 이상의 '중대사고'로 분류한다. 중대사고는 원자로가 포함된 시설에서 발생할 수 있는 가장 심각하고 위험한 사고를 일컫는 용어다. 방사성 물질이 연료봉과 압력용기를 벗어나 격납용기 안으로 퍼지거나, 또는 심지어 격납용기 밖으로 빠져나가는 사고를 의미한다. 격납용기 밖에도 건물 외벽이 있지만 폭격이나 붕괴 등 물리적인 손상을 막기 위한 구조물이지 밀폐를 위한 설비가 아니기 때문에 한계가 있다.

중대사고의 대표적인 원인은 이번 사고와 같이 냉각재가 일부 또는 전부 작동하지 않는 경우다. 원전은 핵분열을 시작한 연료를 잘 통제하며 에너지를 뽑아내는 기술이 핵심이다. 장작불에 비유하자면 불을 지피는 것보다 바람을 잘 통제해 불이 지나치게 활활 타지 않도록 조절하는 것이 중요하다.

1996년 당시 과학기술처(현 교육과학기술부)와 한국원자력연구소가 펴낸 '중대사고시 용융물의 노내외 냉각 실증실험연구' 보고서에 따르면, 중대사고를 해결하는 가장 핵심적인 방법은 '냉각수 공급'이다. 이를 위해 원전은 '비상노심냉각시스템(ECCS)'이나 비상발전기 등 만약을 대비한 수단을 갖추고 있다. 후쿠시마 원전도 마찬가지다. 하지만 전기를 통해 비상냉각시

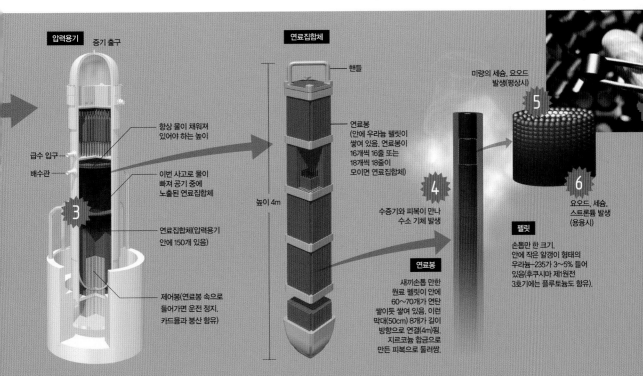

후쿠시마 제1원전 비상대피 명령 구역

2km
최초 비상대피 명령 구역(3월 11일 오후)

3km
확대된 비상대피 명령 구역
(3월 11일 저녁)

10km
비상대피 명령 구역(3월 12일 오전)
최초 실내 대기구역(3월 11일 저녁)

80km
미국 비상대피 구역(3월 16일)

20km
비상대피 명령 구역2(3월 12일 오후)

30km
30km 실내 대기구역(3월 15일)

후쿠시마 제1원전 사고 일지

3월 11일 금요일
상황 센다이 대지진 발생. 작동 중이던 후쿠시마 제1원전 1, 2, 3호기 자동 운영 중지. 이후 후쿠시마 지역 쓰나미 발생, 원전 정전 현상 발생. 비상발전기 작동 불능 사태.
대책 당일 저녁 반경 3km 내 주민 대피령, 10km 내 주민 실내 대기령 발령.

3월 12일 토요일
상황 3호기 연료봉 노출. 비상령 선포. 폭발 막기 위해 격납용기 내 수소 및 증기 일부 배출. 1호기 수소가스폭발.
대책 대피령 반경 20km로 확장. 증기 및 수소가스 배출.

3월 14일 월요일
상황 3호기 수소가스폭발. 2호기 연료봉 노출.
대책 도쿄전력, 바닷물을 냉각순환시스템에 주입 시작.

3월 15일 화요일
상황 4호기에서 화재 발생. 2호기에서 폭발 발생. 이후 4호기에서도 폭발과 화재 발생. 4호기 폐연료봉 저장고의 온도 상승 보고. 5호기에서도 냉각수 수위 하락.
대책 6호기 디젤 발전기로 5호기에 냉각수 공급.

3월 16일 수요일
상황 4호기 폐연료봉 저장고에서 불빛을 봤다는 보고. 재임계 가능성 언급.
대책 헬기를 이용해 3호기와 4호기에 물을 뿌리려는 계획 발표.

3월 17일 목요일
상황 IAEA, 원전 사고로 23명이 다쳤고 20명이 방사선에 오염됐으며 2명이 실종됐다고 발표.
대책 헬기 이용해 물 뿌리려던 계획 일시 중단했다 저녁 늦게 실시, 30t의 물을 3호기에 뿌림.

3월 18일 금요일
대책 새벽에 2호기 전력 복구 시작. 미군 무인기 도입, 펌프 지원.

3월 19일 토요일
대책 전력 복구, 비상노심냉각시스템(ECCS) 복구.

스템을 작동하도록 돼 있어 전력 설비가 파괴된 뒤에는 냉각을 할 수 없었다. 비상발전시스템이 있었지만 디젤발전기가 쓰나미에 휩쓸려가면서 무용지물이 됐다.

이를 두고 전문가 사이에서는 초기에 우왕좌왕하며 이번 사고를 중대사고로 키웠다는 분석이 나오고 있다. 이석호 한국원자력안전기술원 기획부장은 "일본도 '중대사고절차'를 잘 갖추고 있었지만 초기대응에는 아쉬움이 많다"며 "먼저 전원 복구를 시도하고 실패로 드러나면 바로 비상용 디젤발전기 작동을 시도했어야 한다"고 말했다. 이은철 서울대 교수도 "도로가 무사했으니 디젤 발전기를 차로 날라서라도 바로 전원을 복구하지 못한 것이 아쉽다"고 말했다(이후 3월 18일, 미국 제너럴일렉트릭사는 원전 냉각시스템에 전력을 공급하기 위해 이동형 발전기를 일본으로 보내기로 결정했다).

연료봉만 식힌다고 해결되는 게 아니다. 이은철 교수는 "후쿠시마 원전 사고 대응은 핵연료 냉각, 외벽 냉각, 사용후 폐연료봉 냉각 이렇게 세 가지 방향에서 이뤄졌다"고 말했다. 헬기를 이용해 물을 뿌리거나 소방호스로 물을 뿜은 것은 건물 외벽과 격납용기를 식히기 위한 대책이다. 특히 외벽은 이번 수소가스폭발에서 볼 수 있듯 뜨거워지면 폭발할 수 있기 때문에 중요하다.

사용 후 폐연료봉은 상대적으로 냉각시키기가 쉬운 편이다. 폐연료봉은 원자로가 있는 격납건물의 외벽 안쪽 수조에 임시로 보관한다. 연료봉의 2~2.5배인 8~10m 높이로 물을 채워 둔다. 하지만 이번 사고에서는 이 수조의 수위가 낮아졌다. 냉각이 멈추면 남아 있는 핵연료가 다시 핵분열을 시작하는 '재임계' 현상이 일어날 수 있다. 공기 중의 중성자가 핵연료에 남아 있는 우라늄과 부딪쳐 핵반응을 유발한다는 주장도 있다. 하지만 제무성 한양대 교수는 "공기 중에서 사용 후 핵연료로 들어가는 중성자 수가 그 반대보다 더 많아야 재임계가 일어난다"며 "실제로는 들어가는 중성자 수가 나가는 수의 70%에 불과해 재임계 현상이 일어나기는 어려울 것"이라

앞으로의 예상 대책

가장 유력한 것은 핵연료봉의 붕괴열이 낮아질 때까지 냉각수를 공급하며 수 주를 견디는 것이다. 망가진 전력 공급 시스템을 회복해 비상노심냉각시스템(ECCS)을 작동시키면 안정적으로 연료봉의 온도를 낮출 수 있다(3월 19일 이후 실시 중). 비상발전기를 공수해 온 것도 그 때문이다. 그렇게 해서 저절로 방출 에너지가 낮아지면 폐연료봉을 수조에 넣어 물을 채워 보관한다. 이후 방사성 물질을 제거하는 정화작업을 한 뒤 잘라서 콘크리트로 덮어 폐기물 보관소에 보관한다. 만약 계획처럼 방출 에너지가 낮아지지 않으면 공중에서 시멘트 등으로 원전 자체를 덮어 버리는 방법을 쓸 수도 있다. 물론 이 경우는 최악의 상황일 때의 선택이다.

고 내다봤다. 이 교수도 "사용 후 핵 연료도 7~10개월이 지나면 충분히 식고 방사선도 100분의 1로 줄어든다"며 "너무 걱정하지 않아도 좋다"고 말했다. 특히 폭발과 관련해 제 교수는 "폐연료봉 저장기에서 수소가스폭발이 일어나려면 온도가 1000℃는 돼야 한다"며 "그럴 가능성이 별로 없기 때문에 폐연료봉을 둘러싸고 지나치게 공포심을 느끼지 않아도 된다"고 말했다.

방사선 공포, 정말 **문제인가?**

원전에서 사고가 나면 가장 큰 관심사는 역시 건강에 미치는 영향이다. 크게 두 가지다. 직접적으로 방사성 물질을 맞아 입는 피해와 환경을 통해 간접적으로 입는 피해다.

전문가들은 이번 사고로 우리나라가 입을 방사선 피해는 거의 없다고 단언한다. 우선 거리가 멀기 때문에 직접적인 피해를 입을 가능성은 없다. 문제는 방사성 물질이다. 원자로 밖으로 누출된 에어로졸 형태의 방사성 물질은 바람을 타고 멀리까지 이동할 수 있기 때문이다. 실제로 2007년 유엔환경계획(UNEP)이 발표한 자료에 따르면, 1986년 구소련 체르노빌 원전 사고로 사고지역으로부터 1500㎞ 이상 떨어진 노르웨이나 영국에서까지 방사성 수치가 올라갔다(건강에 영향을 미칠 정도로 수치가 올라간 것은 주변 수백㎞). 방사성 물질이 상층의 바람을 타고 이동한 것이 원인이었다. 체르노빌 사고는 흑연감속로에 큰 불이 나면서 상승기류가 만들어졌고, 연료봉이 녹아 생긴 방사성 물질이 상승기류를 타고 10㎞ 상공까지 날아갔다.

하지만 이번 사고는 누출된 방사성 물질의 양이 많지 않은데다 우리나라와 거리가 멀고(1100㎞) 편서풍의 영향을 받는 상승기류의 방향이 동쪽이라 큰 위험이 없다. 이석호 한국원자력안전기술원 기획부장은 "①바람이 후쿠시마 원전에서 전부 우리나라 쪽으로 불어오고, ②1~3호기의 연료봉이 모두 녹아서 방사성 물질이 노심 외부로 방출되며 ③격납건물 밖으로 설계기준(0.5%)의 10~15배가 빠져나간다고 계산해도, 한국에 도달하는 방사선량은 0.3mSV(밀리시버트)에 불과하다"며 "이는 일반인 한 사람이 1년

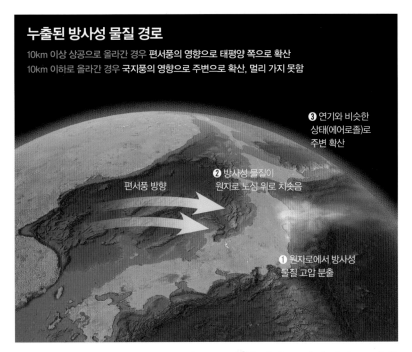

누출된 방사성 물질 경로

10km 이상 상공으로 올라간 경우 **편서풍의 영향으로 태평양 쪽으로 확산**
10km 이하로 올라간 경우 **국지풍의 영향으로 주변으로 확산, 멀리 가지 못함**

❸ 연기와 비슷한
상태(에어로졸)로
주변 확산

❷ 방사성 물질이
원자로 노심 위로 치솟음

편서풍 방향

❶ 원자로에서 방사성
물질 고압 분출

동안 자연적으로 쐬는 방사선량인 1mSV보다 낮아 문제가 없다"고 밝혔다. 이은철 교수도 "방사성 물질이 바람을 타고 온다고 해도 에어로졸 형태이기 때문에 실제로는 사방으로 퍼져가면서(확산) 날아와 희석된다"며 "방사선량 수치는 더 낮아질 것"고 말했다.

언론에서 자주 혼동해서 사람들이 혼란스러워 하는 것 중 하나는 방사선량이다. 방사선의 강도는 물론, 시간과 관련이 깊기 때문에 단순 수치로 비교하면 안 된다. 또 방사성 물질이 일으키는 위험 중 일부(방사선의 강도에 의한 영향)만을 표현하기 때문에 주의가 필요하다.

먼저 방사선량 수치를 보자. 이 수치는 시간을 고려해야만 의미를 갖는 값으로 그 자체의 높고 낮음만 비교하는 것은 의미가 없다. 방사선의 절대적인 '강도'와는 다른 수치기 때문이다. 예를 들어 지난 3월 18일 밤 후쿠시마 제1원전 사무실의 방사선량은 1시간에 3.244mSV였다. 3월 20일 국내 언론에서는 이 수치가 "울릉도 기준치의 2만 3000배를 넘었다"며 흥분한 어조로 보도했다.

하지만 이 말은 이 방사선을 1시간 동안 가만히 서서 온몸에 쐬었을 경우 인체가 이 만큼을 받는다는 뜻이다. 평소보다 강한 것은 사실이지만, 이

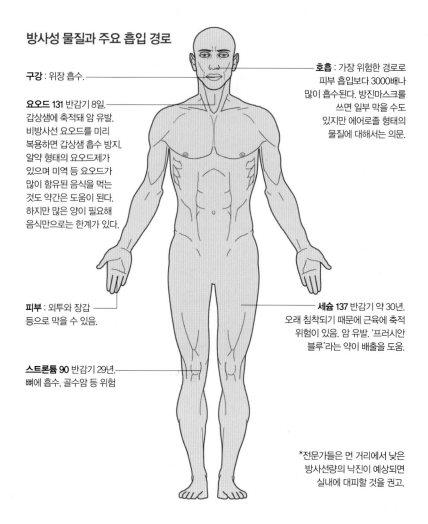

방사성 물질과 주요 흡입 경로

구강 : 위장 흡수.

요오드 131 반감기 8일.
갑상샘에 축적돼 암 유발.
비방사선 요오드를 미리
복용하면 갑상샘 흡수 방지.
알약 형태의 요오드제가
있으며 미역 등 요오드가
많이 함유된 음식을 먹는
것도 약간은 도움이 된다.
하지만 많은 양이 필요해
음식만으로는 한계가 있다.

호흡 : 가장 위험한 경로로
피부 흡입보다 3000배나
많이 흡수된다. 방진마스크를
쓰면 일부 막을 수도
있지만 에어로졸 형태의
물질에 대해서는 의문.

피부 : 외투와 장갑
등으로 막을 수 있음.

세슘 137 반감기 약 30년.
오래 침착되기 때문에 근육에 축적
위험이 있음. 암 유발. '프러시안
블루'라는 약이 배출을 도움.

스트론튬 90 반감기 29년.
뼈에 흡수. 골수암 등 위험

*전문가들은 먼 거리에서 낮은
방사선량의 낙진이 예상되면
실내에 대피할 것을 권고.

방사선을 말 그대로 1시간 동안 쐬지 않으면 전혀 의미가 없는 수치다. 만약 실수로 이 공간에 잠시 발을 들였다가 10초 만에 나왔다고 가정하면 이 사람이 받은 방사선량은 0.009mSV다(3.244/360초). 만약 100초(1분 40초) 동안 우왕좌왕하다 나왔다고 해도 0.09mSV가 된다. 이 정도는 1년 동안 일반인 1명이 쐬는 방사선량인 1mSV의 10분의 1 수준이다.

게다가 이미 우리는 일상생활에서 종종 이보다 높은 방사선에 노출되곤 한다. 예를 들어 한번 CT 촬영을 하면 (촬영을 시작해서 마칠 때까지 모두 더해서) 6.9mSV의 방사선을 쐰다. 분명 안 쐬는 것보다 건강에 나쁘고, 여러 차례 경험한다면 위험하겠지만 갑자기 건강에 문제가 생길 정도로 치명적인 것은 아니다. 사람에게 어지러움증이나 구토 등 건강 문제를 일으키기 시작하는 방사선량은 약 1000mSV부터다.

방사선량 못지 않게 중요한 것은 방사성 물질이 인체에 흘러 들어왔을 때 입는 피해다. 이는 방사성 물질의 종류와 성질에 따라 다르다. 이번에 가장 문제가 된 요오드 131, 세슘 137, 스트론튬 90은 각기 영향을 미치는 양도 다르고 해결방법도 다르다. 방사선량 수치만 가지고 막연한 공포심을 갖기보다는 보다 정교하고 과학적인 접근이 필요하다.

그 동안 일어난
원전 사고는 어땠나?

원자력발전이 실험로 수준에서 만들어졌던 1950년대부터 크고 작은 사고가 이어졌다. 그중에는 초창기 실험실에서 벌어진 사고도 있었고 실제 원전이나 연료 재처리시설에서 일어난 사고도 있었다. 원전 사고를 포함해 주요한 방사성 물질 사고 21건을 선정해 발생 연도와 국제원자력사고척도(INES) 등급 간단한 해설을 붙였다.

원전 사고는 폭발, 노심 용융, 연료 누출 등 여러 가지 종류가 있다. 재처리시설은 직접적인 원전 사고는 아니지만 원전을 운영하기 위해 연료가 되는 우라늄 용액을 다른 용액에 섞는 과정에서 핵분열 현상이 일어난 경우(이를 '임계사고'라고 한다)다. 그 외에 병원용 방사성 물질이 누출되거나 실험로에서 누출 또는 폭발이 일어난 경우도 있다.

원전 사고는 관리 절차나 제도, 그리고 사회적 인식 등을 크게 바꾸는 계기가 됐을 뿐 아니라 원전 기술에도 영향을 미쳤다. 사상 최악의 사고로 꼽히는 체르노빌 원전 사고는 러시아 고유의 원자로(RBMK)에 여러 가지 안전 장치를 추가하게 했다. RBMK는 냉각재로는 물을, 중성자를 흡수해 핵분열을 늦추는 '감속재'로는 흑연을 쓰는 '흑연감속 비등형 경수로'다(이번에 사고가 난 후쿠시마 원전과 우리나라의 원전은 냉각재와 감속재로 모두 물을 쓴다). 흑연 감속재는 노심을 둘러싼 형태로 되어 있다. 노심 속 출력이 너무 커지면 제어봉을 넣어서 핵분열 속도를 늦춘다.

국제원자력사고척도(INES)	
7	**심각한 사고** | 방사성 물질이 요오드 131 기준으로 수백 테라Bq 이상 외부 방출
6	**대사고** | 방사성 물질이 요오드 131 기준으로 수천~수만 테라Bq 외부 방출
5	**시설 외 위험 수반 사고** | 방사성 물질이 요오드 131 기준 수천 테라Bq 이상 누출
4	**시설 내 위험 수반 사고** | 1시간에 수mSV의 방사선량이 측정되는 경우.
3	**중대한 이상** | 방사성 물질 소량 방출, 수mSV 정도의 피폭
2	**이상** | 안전에는 이상이 없으나 소량의 방사성 물질이 오염됨
1	**이례적인 사건** | 운전 범위 안에서의 이탈
0	**척도 미만** | 평시 상황

그런데 RBMK에서는 흑연 때문에 제어봉이 잘 작동하지 못했고, 이 때문에 체르노빌 원전의 첫 폭발이 일어났다. 사고 뒤 중성자 흡수를 높이기 위해 제어봉 수를 늘리는 등의 안전 조치가 추가됐지만, 이후 이 원자로 건설은 줄어들었고, 2004년 이후 새로 짓지 않고 있다. 현재도 11기가 운영되고 있지만 폐쇄 압력이 높다.

한국 원전
안전한가?

원전이 자연재해 앞에서 통제불능상태에 빠지는 모습을 보면서 찬반 논란이 거세지고 있다. 우리나라 원전의 안전성에 대한 걱정도 나오고 있다. 문제는 없을까.

우리나라 원전은 이번 후쿠시마에서 문제가 된 수소가스폭발이 일어날 가능성이 상대적으로 적다. 지르코늄 피복이 증기와 만나 산화하면서 발생하는 수소를 그때그때 태워서 제거하는 장치(수소연소기)가 있기 때문이다. 수소는 900℃ 이상의 고온 환경에서 산소를 만나면 폭발하지만, 농도가 낮은 상태에서는 그냥 연소 반응을 일으켜 물이 된다. 따라서 자연발화 농도에 이르기 전에 태워주면 폭발 없이 수소를 제거할 수 있다. 현재는 건물 내

앞으로 원전은 안전장치를 더 보강하는 쪽으로 진화할 것으로 보인다. 내진설계를 강화하고, 전기 없이도 냉각수 순환이 가능한 패시브 방식을 적용하는 방식이다. 사진은 건설 중인 신고리 3, 4호기의 모습.

수소 농도가 5%를 넘으면 제거기가 작동한다.

건물 구조는 어느 쪽이 더 안전하다고 말할 수 없다. 제무성 한양대 교수는 "일본의 후쿠시마 원전은 격납공간이 2중으로 튼튼하게 돼 있다"며 "우리나라는 두께 1.5m 정도의 용기 하나만 있어서 상대적으로 약하지만, 대신 내부 공간이 훨씬 넓어 사고 시 조치를 할 시간적 공간적 여유가 충분하다는 장점이 있다"고 말했다.

가압식이냐 비등식이냐의 차이는 평상시 방사성 물질의 유출 가능성에서 차이가 있다. 비등식은 노심에서 직접 냉각수를 증기로 바꿔 이 증기로 터빈을 돌린다. 반면 가압식은 냉각수와 터빈을 돌리기 위한 물이 아예 별도의 파이프로 분리돼 있다. 따라서 노심을 거쳐 방사성 물질을 함유한 물이 터빈에 직접 들어가지 않기 때문에 방사성 물질이 밖으로 노출될 가능성이 적다.

우리 원전은 전기가 없어도 냉각수 공급이 가능하다. 증기를 만드는 과정에서 물이 열 에너지를 잃으며 자연냉각하는데, 이 물은 밀도가 높아져서 중력의 힘으로 저절로 아래로 내려와 냉각수를 순환하게 만들어 준다. 후쿠시마 원전처럼 전기가 끊긴다고 바로 노심 온도가 올라가 노심용융 현상이 일어나지는 않는다는 뜻이다.

물론 이런 기술적인 대책에도 불구하고 원전 자체의 안전에 여전히 의구심을 표하는 사람도 많다. 이번 사고가 인류가 예측하기 어려운 대형 재해에 인간의 기술이 얼마나 취약한지를 여실히 보여 줬기 때문이다. 하지만 원전 기술 덕분에 인류가 누리고 있는 혜택 또한 많은 것 또한 사실이다. 신중한 논의와 접근이 필요하다. 일본을 강타한 규모 9.0의 대지진은 원전을 둘러싼 논쟁에도 쓰나미 급의 화두를 던지고 있다.

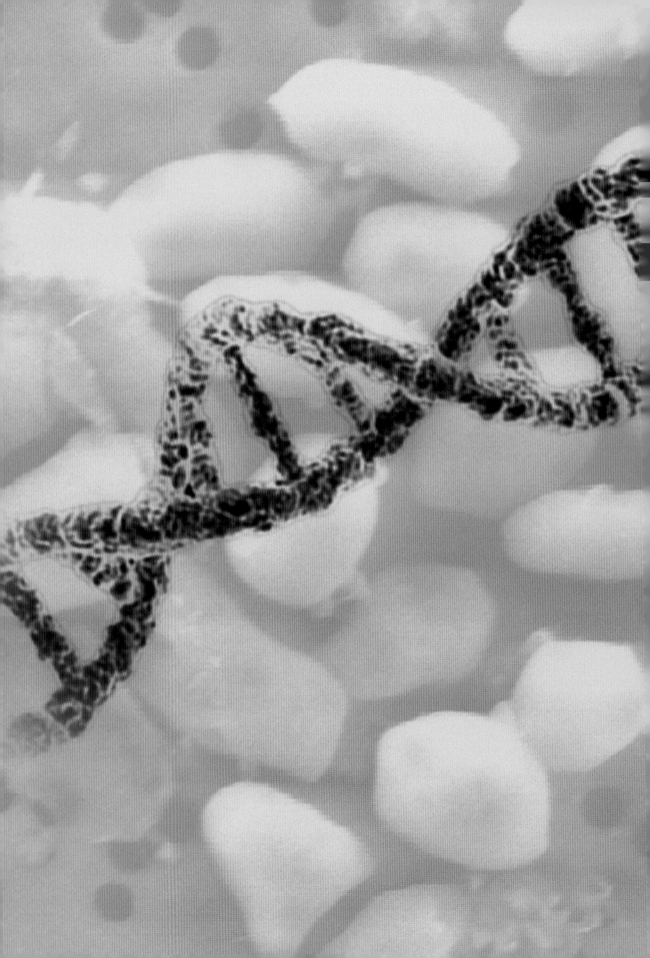

issue 02 우주

비소 생명체 논란

이충환
1995년 서울대 대학원에서 천문학 석사학위(우주론 전공)를 받았고 2005년 고려대 과학기술학
협동과정에서 박사과정(과학언론 전공)을 수료했다. 1999년 천문학 잡지 《별과 우주》에서 기자 생활을
시작했으며 과학종합미디어 '동아사이언스'로 옮겨 《동아일보》와 월간 《과학동아》에 흥미진진한 과학기사를
써왔다. 현재는 국내 최초의 수학교양 월간지 《수학동아》의 편집장을 맡고 있다. 옮긴 책으로 《상대적으로
쉬운 상대성이론》(양문, 2002), 《빛의 제국》(양문, 2006) 등이 있고 지은 책으로는 《블랙홀》(살림, 2003) 등이
있다.

비소 생명체 논란

'외계인 발견!'

영화 속 얘기가 아니라 사실이라면 세상에 이만한 뉴스가 또 있을까. 2010년 말 국내외 인터넷사이트는 미국항공우주국(NASA)에서 외계인을 발견했다는 식의 확인되지 않은 풍문이 난무했다. NASA에서 외계 생명체와 관련된 중대 발표를 한다는 얘기가 흘러나오면서 이런 추측이 떠돌았던 것이다.

내심 '센 것'을 기대했던 일부 네티즌들은 2010년 12월 3일 NASA가 기자회견을 통해 '중대한 내용'을 발표하자 적지 않은 허탈감에 빠졌다. NASA가 외계인을 발견했다는 쇼킹한 소식이 아니라 기껏 비소를 먹고사는 지구 생명체를 발견했다는 내용이기 때문이었다. 그래도 일부 과학자들은 환경을 오염시키는 독극물인 비소를 이용하는 생명체를 발견했다는 것은 기존의 생물학 교과서를 다시 쓸 만한 업적이라고 칭송하는 목소리를 드높였다. 하지만 일각에서는 NASA의 발견에 문제가 있다는 지적도 나오고 있다.

과연 NASA에서 발견했다는 비소 생명체는 무엇이며, 그 발견이 사실이라면 정말 대단한 의미가 있는 걸까. 우주생물학(astrobiology)이란 신생 학문 분야를 통해 비소 생명체 발견의 의미를 살펴보도록 하자.

외계 생명체의
존재 가능성

생명은 어떻게 탄생했을까. 지구 밖에도 생명체가 존재할까. 이런 질문에 답하고 우주생물체에 대해 연구하는 학문이 우주생물학이다. 우주생물학은 크게 세 방향으로 접근할 수 있다. 첫째, 지구에서 생명체가 살 수 있는 극한 조건을 찾아내고, 둘째, 실제로 태양계 내에서 극한의 생명체를 탐사하며, 셋째, 망망한 우주에서 생명체가 있을 만한 행성을 수색하는 일로 말이다.

지구 밖의 우주에서 생명체를 찾으려면 먼저 지구 생명체를 제대로 알아야 한다. 지구에서도 도저히 생명체가 살지 못할 것 같은 극한 환경 속에서 생명체가 그 모습을 드러낸다. 과학자들은 심해저 열수구(초고온 온천)에서부터 남극 빙산에서까지 박테리아와 같은 생명체를 발견하고 있다.

지구 밖에서 생명체를 찾는다면 지구가 포함된 태양계가 가장 접근하기 쉬운 타깃이다. 즉 태양계의 행성과 위성이 우주생물학에서 가장 손에 넣기 쉬운 표본 집단이다. 특히 우주생물학자들은 화성과 목성의 위성 유로파 등에서 생명체를 기대하고 있다.

한국천문연구원 연구진 발견한 외계 행성의 모식도. 가운데 두 별을 중심으로 2개의 외계 행성이 공전하고 있다.

태양계를 넘어서 광활하게 펼쳐져 있는 우주에는 수많은 별과 은하가 있어 지구와 같은 행성이 흔할 것 같다. 하지만 생명체가 살고 있는 또 다른 지구를 탐색하는 일은 드넓은 모래사장에서 바늘을 찾는 일과 비슷하다. 현재 천문학자들은 우주망원경을 띄워 크기가 지구만 한 외계 행성을 찾으려고 애쓰고 있다.

우주생물학의 관점에서 보면 NASA가 발견했다는 비소 생명체는 비소가 많은 극한 환경에 적응한 미생물 중 하나라고 할 수 있다. NASA 우주생물학연구소 펠리사 울프-사이먼 박사가 이끄는 연구진은 미국 캘리포니아 주의 모노호수에서 인(P) 대신 비소(As)를 이용해 살아가는 박테리아 'GFAJ-1'을 발견했다. 모노호수는 인근의 산에서 씻겨 내려온 광물로 인해 독성물질인 비소의 농도가 높고 인이 거의 없는 상태다. 자연발생적으로 생명체가 살기에 척박한 환경에서 GFAJ-1이 발견된 것이다.

인은 탄소(C), 산소(O), 수소(H), 질소(N), 황(S)과 함께 지구 생명체를 구성하는 6대 필수 원소 중 하나로 알려져 있다. 일반 생명체의 세포는 아데노신삼인산(ATP)이란 물질에서 인산 하나를 분리해 아데노신이인산(ADP)을 만드는 과정에서 에너지를 생산하는데, 연구진은 GFAJ-1이 에너지를 만들 때 인산 대신 비산을 이용한다고 봤다. 비소는 주기율표에서 인과 같은 15족(族)에

모노호수는 미국 캘리포니아 주 요세미티 국립공원 근처에 있다. 약 76만 년 전 생긴 것으로 보이며, 물이 빠져나가는 출구가 없기 때문에 염분이 축적돼 있다. 새우와 새우를 먹이로 삼는 새가 살고 있다.

속하기 때문에 화학적 성질이 비슷하다. 따라서 비산도 인산과 비슷한 작용을 한다.

연구진은 박테리아 GFAJ-1을 배양할 때 인이 포함된 인산이온 대신에 비소가 들어간 비산이온을 넣어줬다. 보통 박테리아라면 죽었을 테지만, 놀랍게도 GFAJ-1은 살아남았다. 더욱이 그 수가 6일 만에 20배가 넘게 늘어난 것으로 밝혀졌다. 또 연구진이 비소의 동원원소를 이용해 GFAJ-1을 조사한 결과, ATP 같은 대사물질, 단백질, 지질뿐 아니라 DNA나 RNA 같은 핵산에서도 비소가 확인됐다. 울프-사이먼 박사는 이 박테리아가 DNA의 구성 성분으로 인 대신 비소를 사용한다고 결론을 내렸다. 이 내용은 과학저널 《사이언스》 2010년 12월 2일자 온라인 판에 게재되기도 했다.

연구진의 주장대로 GFAJ-1이 이전까지 알려진 지구 생명체의 6대 원소에 속하지 않는 비소를 DNA의 구성 성분으로 사용한다면 이는 놀라운 발견이다. 일부 과학자들은 기존 지구 생명체와 다른 생명체가 존재할 가능성을 보여주는 결과라고 흥분했다. 우주생물학 입장에서 해석한다면 이는 비소 같은 독극물이 많은 외계 행성에도 생명체가 살 수 있다는 뜻이 된다. 이는 또한 외계 생명체를 탐사하는 영역을 현재보다 더 넓혀야 한다는 시사점을 던져준다.

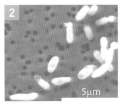
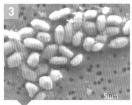

■ 울프-사이먼 박사가 모노호수의 진흙을 채취하고 있다. ■ ■ 인 대신 비소를 이용해 살 수 있다고 NASA의 연구팀이 주장한 박테리아 GFAJ-1의 모습.

생명체에 대한
근본 개념이 바뀌나?

비소 박테리아는 보통의 경우와 다른 원소를 이용하는 생명 현상의 신비로움을 보여준다. 생명체를 이루는 기본 원소는 아니지만 신진 대사에 쓰이는 원소를 다른 원소로 대체한 사례는 이미 알려져 있다. 혈액에서 산소를 운반하는 매개체로 철 대신 구리를 사용하는 갑각류나 연체동물이 좋은 예다. 대부분의 동물은 적혈구에 들어

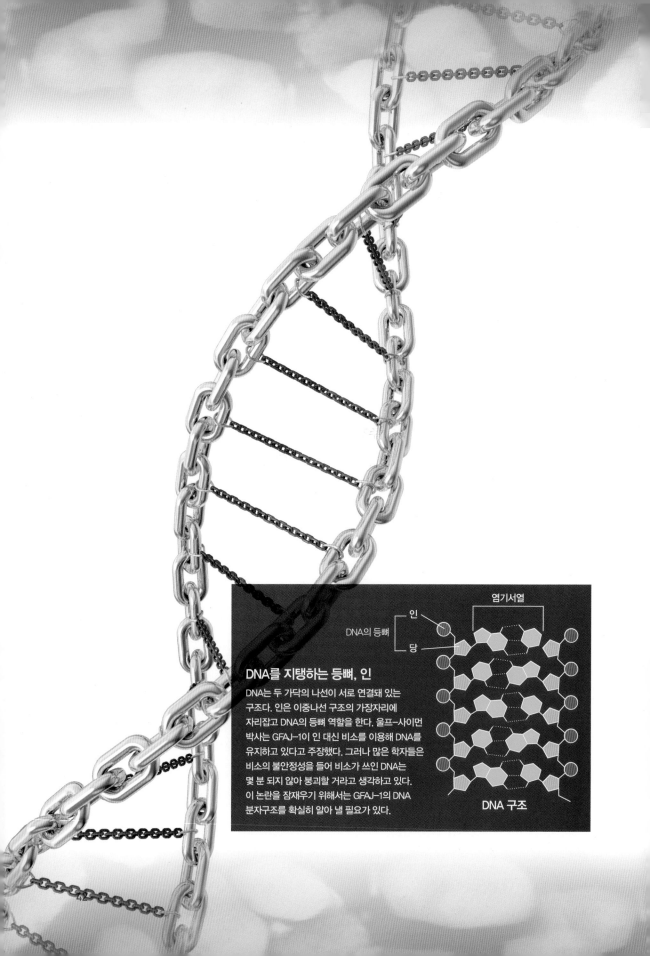

DNA를 지탱하는 등뼈, 인

DNA는 두 가닥의 나선이 서로 연결돼 있는
구조다. 인은 이중나선 구조의 가장자리에
자리잡고 DNA의 등뼈 역할을 한다. 울프-사이먼
박사는 GFAJ-1이 인 대신 비소를 이용해 DNA를
유지하고 있다고 주장했다. 그러나 많은 학자들은
비소의 불안정성을 들어 비소가 쓰인 DNA는
몇 분 되지 않아 붕괴할 거라고 생각하고 있다.
이 논란을 잠재우기 위해서는 GFAJ-1의 DNA
분자구조를 확실히 알아 낼 필요가 있다.

있는 색소단백질인 헤모글로빈에 포함된 철을 이용해 산소를 몸 구석구석으로 운반한다. 반면 오징어나 문어는 헤모글로빈 대신 구리가 함유된 헤모시아닌을 동원해 산소를 실어 나른다. 흥미롭게도 오징어나 문어의 피가 붉은색이 아니라 청록색을 띠는 이유는 헤모시아닌의 구리가 산소와 결합할 때 청록색을 띠기 때문이다.

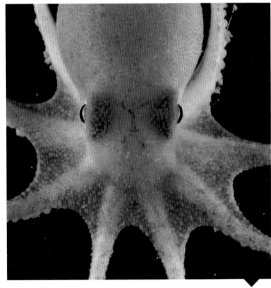

연체동물인 문어도 헤모시아닌으로 산소를 운반한다.

박테리아 GFAJ-1이 지구 생명체의 6대 원소 중 하나라고 생각했던 인을 독극물이라고 알려져 있는 비소로 대체했다면 생명체에 대한 기존 관념을 바꿔야 한다는 평가도 나온다. 일반적으로 인은 DNA를 지탱하는 등뼈 역할을 하는데, 울프-사이먼 박사 연구진은 GFAJ-1이 인 대신 비소를 이용해 DNA를 유지하고 있다고 주장한다. 하지만 문제는 비소가 물을 만나면 쉽게 분해된다는 점이다. 그럼에도 불구하고 GFAJ-1이 비소의 이런 불안정성을 극복하며 진화해 살아남았다면 놀라운 생명체임에 틀림없다.

기존 체계에서 벗어난 새로운 생물권인 '그림자 생물권'이 지구에 존재할 가능성을 내세우는 주장도 있다. 그림자 생물권은 생명체를 전혀 기대하기 힘든 환경에 존재하거나 기존 생명체와 너무 달라 전혀 간파하지 못하고 있는 가상의 생물권을 말한다. 그림자 생물권이 존재한다면, 원시 지구에서 태어난 또 다른 생명체 군(群)이 흔히 알려진 것과 전혀 다른 생화학 반응으로 살아가며 지구 어딘가에 숨어 지내고 있다는 뜻이다. 비소 생명체가 가능하다면, 예를 들어 미국의 SF시리즈 '스타트렉'에 등장하는 규소 생명체(규소를 기반으로 진화한 생명체)가 현실에도 존재할 수 있다는 얘기다.

생명체에 대해 우리가 갖고 있던 고정관념뿐 아니라 존엄성에 대한 기존의 생각도 깨뜨려야 한다. 독극물(비소)이나 돌가루(규소)라고 생각했던 물질을 기반으로 생명활동을 벌이는 생명체가 존재한다면 우리 인류는 얼마나 놀랄까. 이런 생명체를 처음 만난다면 정말 해괴망측하다고 생각하기 쉬울 것이다. 하지만 생명이란 무엇인가라는 질문에 새로운 답을 찾아야 할 뿐 아니라 그들도 인간을 비롯한 기존 생물과 마찬가지 생명체로 존중해야 할 것이다.

우주생물학의 모든 연구는 생명의 기원을 이해하며, 지구 생명체의 미래를 예측하고 설계하는 일로 귀결된다. 비소 박테리아의 발견도 사실이라면 그 일환으로 해석될 수 있다. 지구의 모든 생명체가 기존 6대 원소를 주축으로 진화하지 않았으며 우리의 상상을 뛰어넘는 생명체가 우주에 거주하고 있을 가능성이 높다는 뜻으로 말이다.

극한의
생존자들
비소 박테리아는 극한 미생물의 일종이라 볼 수 있다. 극한 미생물이란 양잿물보다 독한 폐수, 냉장고처럼 찬 남극, 끓는 물보다 뜨거운 심해저 같은 극한 환경에 사는 미생물이다. 이런 미생물은 '극한의 생존자'인 셈이다.

미국 일리노이주립 수자원조사부의 조지 로드캡 박사는 양잿물보다 독한 폐수에서 극한 미생물을 찾아냈다. 그는 100년 이상 철광 폐기물로 오염된 시카고 근처 한 호수의 수질을 조사하던 중 다량의 미생물을 발견했다. 분석 결과 일부 미생물은 철광 폐기물의 부식과정에서 나오는 수소를 먹고사는 박테리아의 일종으로 드러났다.

양잿물을 좋아하는 극한 미생물은 국내에서도 발견됐다. 한국생명공학연구원 윤정훈 박사팀이 서해안 대천 근처의 일제강점기 한 석면광산에서 강알칼리를 견디고 사는 신종 미생물 5종을 찾아냈다. 이런 미생물은 양잿물을 소화하며 살아가기 때문에 강한 알칼리성 폐수를 처리하는 데 유용하다.

일반 미생물이 살기 어려운 냉장고 내 온도인 5℃에서 잘 자라는 저온성 미생물도 있다. 이 미생물에서 나온 지방 분해효소를 쓰면 찬물에서

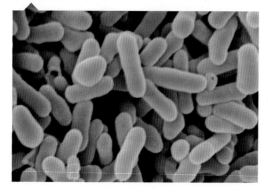

생명공학연구원이 서해안 대천 근처에서 발견한 신종 미생물. 양잿물을 좋아하는 특징이 있다.

도 때가 잘 빠지는 세제를 개발할 수 있다. 서울대 생명과학부 천종식 교수 팀은 한국해양연구원 극지탐사팀과 함께 남극 세종기지 근처에서 새로운 저온성 미생물 7종을 발견하기도 했다.

반면에 물이 끓는 100℃가 넘는 매우 뜨거운 환경에 사는 극한 미생물도 있다. 일명 초고온 미생물이다. 미국 매사추세츠대 카젬 카쉐피 박사팀은 121℃에서 잘 자라는 미생물 '스트레인 121'을 발견해 《사이언스》 2003년 8월 15일자에 발표했다. 연구팀은 북동태평양 심해저바닥의 열수구에서 용솟음치는 물에서 스트레인 121을 분리한 뒤 고온의 배양기에서 살게 했다. 그러자 121℃에서 하루가 지나자 이 미생물이 2배로 증식했다. 스트레인 121은 흔히 병원성 세균을 죽이는 '가압멸균처리기(autoclave)'에서 살아남을 뿐 아니라 번식까지 하는 셈이다. 2008년에는 일본 연구진이 122℃에서도 살아남는 초고온 미생물인 메타노파이루스 칸들레리(Methanopyrus kandleri)를 캘리포니아만 해저의 열수구에서 발견해 미국국립과학원회보 (PNAS)에 발표하기도 했다.

남극과 북극, 화산 속, 석유층, 염전과 같은 극한 환경에서도 살아가는 고세균들이 계속 발견되고 있다.

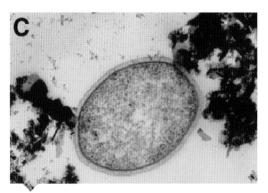

121℃에서 잘 자라는
미생물 '스트레인 121'.

심해저 열수구는 60℃에서 460℃까지의 뜨거운 물이 수㎞ 깊이의 깜깜한 바다 밑 지각에서 스며 나오는 곳이다. 이곳에서 뿜어져 나오는 열수는 황, 철, 망간 등 유해물질을 많이 포함하고 있는 게 특징인데, 열수구에 사는 초고온 미생물은 이런 유해물질을 산화해 에너지를 얻는다. 열수구 주변에는 햇빛도 미치지 않지만 이 미생물들이 영양과 에너지를 공급하는 덕분에 다양한 생물이 살고 있다. 즉 새우와 같은 갑각류, 고무관 모양의 무척추 동물, 조개류 등이 특수한 생태계를 구성하고 있다.

'스트레인 121'이나 '메타노파이루스 칸들레리'처럼 심해저 열수구에 사는 초고온 미생물은 특히 고세균(古細菌, Archaea)이라는 새로운 계통의 생명체로 분류된다. 1970년대 후반 심해저 열수구에서 발견된 고세균은 겉보기에 일반 세균과 구분하기 힘든 미생물이지만, 실제로는 세균 같은 하등 미생물과 동식물 같은 고등 진핵 생명체의 중간 정도로 분류할 수 있는 독특한 부류의 생명체다.

고세균은 심해저 열수구에 사는 초고온 고세균 외에도 메탄 생성 고세균, 염분을 좋아하는 고세균, 45℃ 이상에서 생존하는 고세균 등이 있다. 이들은 심해저 열수구뿐 아니라 극지방, 화산 속, 석유층, 염전 등에서 발견되고 있다. 최근 극지연구소 극지생명과학부 이유경 박사팀은 2010년 여름 북극 다산기지 주변에서 채취한 토양에서 산소 없이 메탄을 생성하는 고세균을 분리했다고 밝혔다.

극한 미생물은 지구 생명체의 기원을 알아내거나 외계 생명체의 가능성을 예측하는 데 중요하다. 특히 고세균이 가장 좋은 연구대상이다. 옛날을 뜻하는 이름도 고대 지구와 비슷한 환경에서 자란다는 의미를 담고 있다. 일부 고세균은 지구 생성 초기부터 지금까지 초고온의 극한 환경에서 적응해 살아왔던 것으로 보인다. 과학자들은 고대 지구와 비슷하게 온도가 매우 높고 유해물질이 가득했던 고대 화성에도 이와 같은 미생물이 번성했을 가능성이 있다고 예상하고 있다. 물론 현재 화성에는 물이 액체 상태로 발

과학자들의 추측에 따르면
유로파(목성의 위성)의 얼음
아래에는 액체 상태의 바다가
존재한다. 그곳의 해저에는
지구의 열수구(큰 사진)에
사는 생물처럼 지각에서
뿜어 나오는 열과 광물질을
양분으로 삼아 살아가는
생명체가 있을지도 모른다.

견되지 않지만 과거에는 다량의 바닷물이 있었을 것으로 추정된다.

　많은 과학자들이 목성의 위성인 유로파에서도 외계 생명체를 발견할 수 있을 것이라고 기대하고 있다. 유로파 표면이 두꺼운 얼음층으로 덮여 있고 내부 중심에 지구처럼 내핵이 존재한다는 사실이 밝혀졌으며 표면 이곳저곳에 얼음 균열이 드러나 있기 때문에 얼음 표면 아래에 액체상태의 물이 있을 가능성이 높다. 유로파의 바다 속에 생명체가 존재한다면 햇빛이 들어가지 않는 깊숙한 바다에 있는 열수구 근처에 서식하는 지구 생명체와 비슷할 것으로 예상된다.

본격적인
외계 생명체 탐사

　울프-사이먼 박사 연구진이 비소 박테리아 GFAJ-1을 발견했다고 《사이언스》에 논문을 발표한 지 일주일 만인 12월 9일 과학저널 《네이처》에는 여러 과학자들이 이 논문의 문제점을 지적하는 내용을 게재했다. 울프-사이먼 박사 연구진은 GFAJ-1이 비소를 단순히 흡수한다는 사실을 밝혀냈을 뿐 비소가 포함된 물질의 분자 구조를 확실하게 밝혀내지 못했다는 지적을 받았다. 논문에서는 GFAJ-1에서 분리한 DNA에 비소가 인보다 많이 들어 있다는 점만 확인했을 뿐이지 실제로 인 대신 비소가 DNA 분자구조에 들어가 있는지 확신할 수 없다는 뜻이다.

　만일 비소가 인 대신 DNA를 잇는 사슬 역할을 한다 하더라도 비소가 들어간 사슬이 물에 쉽게 분해되므로 DNA가 몇 분 지나지 않아 붕괴될 것이라는 지적도 있다. 이에 대해 울프-사이먼 박사 연구진은 GFAJ-1이 다른 분자를 이용해 DNA의 약한 사슬을 강화하거나 진화 과정에서 약한 고리에 적응했다고 추정하고 있다.

　GFAJ-1이 비소를 DNA 같은 생체 분자에 이용하는 게 아니라 단순히 독성물질로 간주해 따로 떼어 놓았을 뿐이라는 주장도 있다. 투과전자현미경으로 GFAJ-1를 관찰하면 액포처럼 구조가 보이는데, 일부 과학자들은 이 구조가 비소를 격리시키는 역할을 할 가능성이 있다고 생각하는 것이다. 많은 생명체는 액포에 독성물질을 가둬 세포질의 피해를 최소화하는 전략을 취하기 때문이다.

일각에서는 보통 박테리아가 1~3%의 인으로 생명을 유지할 수 있지만, GFAJ-1은 이보다 적은 인으로도 살아갈 수 있다고 보고 있다. 울프-사이먼 박사 연구진은 GFAJ-1이 대략 0.02%의 인을 함유하고 있었다는 사실을 확인하고 이 정도 함량으로 살 수 없다고 밝혔지만, 이는 사실이 아니라는 주장이다. 인이 부족한 상황에서 천천히 자란다면 적은 양의 인으로도 살 수 있기 때문이다.

비소 박테리아의 발견은 진짜라고 믿기엔 기존의 상식을 송두리째 뒤엎는 내용이라 논란이 분분한 것이다. 하지만 전 세계 많은 연구자들이 GFAJ-1을 분양받아 재현실험에 뛰어든다면 그 진실은 금세 드러날 것이다. GFAJ-1이 진짜 비소 박테리아인지, 아니면 단순한 해프닝의 주인공인지 말이다.

한편 비소 박테리아 같은 극한 생명체도 물 없이는 살 수 없다. 외계 생명체를 발견하려면 액체 상태의 물을 찾아내는 것이 필수 조건인 셈이다. 우주생물학자들은 별 주변에서 물이 존재할 만한 영역을 '(생명체) 거주 가능 영역(Habitable Zone, HZ)'이라고 부른다. 외계 행성에 물이 액체 상태로 존재하기 위해서는 적당한 대기압 하에 표면온도가 섭씨 0~100℃ 사이여야 하는데, 우리 태양계의 경우 금성 궤도 바로 다음에서 화성 바로 직전까지

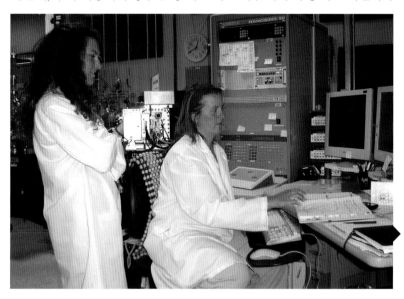

울프-사이먼 박사(왼쪽)가
실험실에서 비소 박테리아를
분석하고 있다. 오른쪽은
로렌스 리버모어 국립연구소의
제니퍼 펫-리지 연구원이다.

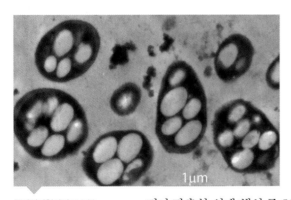

투과전자현미경으로 본
비소 박테리아의 모습. 안에
액포처럼 보이는 구조가 있다.

의 공간이다. 즉 태양계에서는 지구만이 생명체 거주 가능영역에 속한 행성이다. 우주에서 '쌍둥이 지구'를 발견하려고 노력하는 이유도 이 때문인 것이다.

최근 새로운 외계 행성이 꾸준히 발견되면서 지금까지 발견된 외계 행성의 수는 1000개를 훌쩍 넘었다. NASA의 케플러우주망원경이 관측한 외계 행성 중 50여 개는 너무 뜨겁거나 차갑지 않아 생명체가 살기에 적합한 영역(HZ)에 위치할 가능성이 높은 것으로 밝혀졌다. 2010년에 가장 주목을 받았던 외계 행성은 9월 말에 발표된 '글리제 581g'라는 행성이었다. 질량이 지구보다 3~4배 무겁지만 액체 상태의 물을 간직할 수 있을 정도로 따뜻한 곳에 위치해 있다고 예상돼 지구와 많이 닮았기 때문이다(물론 일부 학계에서는 글리제 581g의 존재 가능성에 문제를 제기하기도 했지만, 여기서는 이 논란을 다루지 않겠다). 2011년에는 2월 2일 NASA가 태양계 밖에서 '제2의 지구'를 무더기로 발견했다고 발표했다. 이 발표에 따르면 케플러 우주망원경으로 발견한 외계 행성 중 5개가 '제2의 지구'라 할 만큼 지구와 너무나 닮았다고 한다. 이 행성들이 크기가 거의 지구와 같고 별 주변에서 생명체가 살기 좋은 영역(HZ)에 속하는 것으로 드러났기 때문이다.

하지만 지구와 닮은 외계 행성들을 발견한 성과에도 불구하고 실제 이 행성들에서 생명체를 발견하기란 하늘의 별 따기보다 힘들 전망이다. 글리제 581g라는 행성만 해도 지구에서 약 20광년 떨어져 있어 지금의 우주선 추진기술로는 직접 가서 생명체의 존재를 확인하기란 거의 불가능하기 때문이다. 즉 이 행성까지는 빛의 속도로 가도 약 20년이 걸리는데, 현재의 우주선으로 수십만 년이 걸리니 인류가 그곳에 도착하기란 요원한 일인 셈이다. 그래서 우주생물학자들이 외계 생명체를 기대하는 장소가 바로 태양계다. 앞에서 언급한 대로 화성과 목성의 위성 유로파 등이 주요한 타깃이다.

미국항공우주국(NASA)은 화성과학실험실(Mars Science Laboratory, MSL) 미션의 일환으로 '큐리어시티(Curiosity)'란 탐사로버를 2011년 말 화성에 보낼 계획이다. 이 로버는 화성 토양에서 채집하거나 바위를 부셔서 얻은 샘플을 분석해 화성의 생명체 거주 가능성을 결정짓게 된다. 즉 화성이 과거에 미생물이 살 만한 환경이었는지, 또는 현재도 그런 환경인지를 평가하게 된다.

목성의 위성 유로파를 탐사할 '유로파 목성 시스템 미션(EJSM)'은 NASA와 유럽우주국(ESA)이 공동으로 진행하고 있는 미션이다. 2020년쯤에야 착수될 것으로 예상된다. 러시아연방우주국은 NASA와 ESA의 궤도선에서 분리돼 유로파의 얼음 표면에 내릴 착륙선도 고려하고 있다. 유로파 표면 아래에 있을지 모를 생명체를 확인하기는 어렵겠지만 그 아래 바다가 있는지는 파악할 수 있을지도 모른다.

신, 인류 그리고
외계 생명체
비소 생명체의 발견과 그 논란은 앞으로 외계 생명체, 더 나아가 외계인을 발견하게 됐을 때의 시금석이 될 수 있다. 일부에서는 직접 가서 외계 생명체를 찾으려고 노력하는가 하면, 한편에서는 간접적으로 외계의 고등생명체를 발견하려고 노력하기도 한다. 바로 고등문명을 가진 외계인이 지구로 보낸 전파신호를 포착하려는 외계지적생명체탐사(SETI) 계획이다.

전파를 이용해 외계인을 찾을 수 있다는 아이디어가 1959년 8월 과학저널 '네이처'에 발표됐고 이듬해 4월 미국의 프랭크 드레이크 박사가 지름 25m의 전파망원경으로 이를 구체화하려는 '오즈마 프로젝트'를 가동했다. 오즈마 프로젝트 이후 SETI 계획은 미국을 중심으로 여러 프로젝트가 진행돼 왔다. SETI 연구소의 피닉스 프로젝트와 앨런 프로젝트, 버클리캘리포니아대학교의 세렌딥 프로젝트, 하버드대학교의 베타 프로젝트 등이 대표적이다. 특히 세렌딥 프로젝트는 전파망원경에서 관측한 엄청난 자료를 일반인 컴퓨터의 화면보호 상태에서 분석하는 세티앳홈(SETI@Home) 운동을 활발히 전개하고 있다. 한국에서도 이와 비슷한 작업을 코리아앳홈(Korea@Home)에서 진행하고 있다.

SETI 계획이 아직까지 성과를 거두지 못하고 있지만, 만일 외계인의 신호를 찾아낸다면 엄청난 영향을 미칠 것이다. 과학적으로 외계인을 발견하는 것도 중요하지만 사회적, 종교적으로 파장이 클 것이기 때문이다. 먼저 신과 인간의 관계에만 주목하던 기성 종교들은 외계인이란 새로운 대상을 어떻게 생각해야 할지 거센 논쟁과 함께 깊은 고민에 빠질 것이다.

외계인의 존재는 긍정적인 의미도 갖는다. 칼 세이건 같은 천문학자들은 외계인이 존재한다면 이는 수준 높은 기술문명을 이룬 사회가 자기 파괴적이지 않을 수 있다는 증거라고 분석했다. 인류는 라디오로 첫 전파를 송출한 지 10여 년 만에 원자폭탄을 제조해 지금은 지구 전체를 여러 번 파괴할 만한 무기를 쌓아놓고 있다. 본격적인 기술 문명을 이룩한 지 100년 정도밖에 지나지 않은 인류는 까딱하면 멸망할 위기에 처한 셈이다. 그런데 지구에 전파를 보낸 외계인이 발견된다면 이는 인류보다 더 나은 문명을 누리고 있을 가능성이 높은 생명체가 고등문명을 아직까지 유지하고 있다는 뜻이다. 따라서 외계인의 발견은 인류도 멸망하지 않고 장기간 생존할 수 있다는 희망의 메시지로 받아들일 수 있다는 얘기다.

인류는 앞으로 자원이 고갈되고 환경이 파괴돼 지구가 황폐화된다면, 우주로 나가 외계에 식민지를 건설해야 할지 모른다. 먼저 지구와 비슷한 외계 행성을 찾고 난 다음, 그 행성을 지구처럼 만드는 작업, 즉 테라포밍(지구화)을 해야 한다. 테라포밍은 지구처럼 사람이 살 수 있는 대기, 기온, 생태계를 갖추는 일이다.

과학자들은 태양계 내 행성을 지구화할 수 있는 방법을 제안하기도 했

미국의 SF시리즈 '스타트렉'의 1967년 3월 9일 방영분 '어둠 속의 악마'에는 규소를 기반으로 진화한 생명체가 등장했다.

다. 박테리아를 이용해 금성이나 화성을 지구처럼 바꿀 수 있다는 시나리오다. 1960년대 칼 세이건은 금성에서 이산화탄소로 이뤄진 짙은 대기를 없애기 위해 유전자 조작으로 만든 박테리아를 활용할 수 있다고 주장했다. 두꺼운 이산화탄소 층을 걷어내면 섭씨 450℃에 이르는 표면 온도를 낮출 수 있다는 뜻이다. 2000년대에 들어 NASA에서는 화성을 지구로 바꾸기 위해 가장 원시적인 시아노박테리아인 크루코시다이옵시스(Chroococcidiopsis)를 이용하자는 제안이 나왔다.

미래에 장거리 우주여행이 가능해진다면 태양계 밖에서 찾아낸 '지구 닮은꼴'인 외계 행성을 지구화하기 위해 이에 알맞게 유전자 조작된 인공 박테리아를 활용할지도 모른다. 그 행성에 풍부한 물질을 먹어치우며 번식하는 박테리아, 대기가 희박하다면 이산화탄소 같은 기체를 생산하는 박테리아 등이 동원될 것이다. 또 거대한 거울로 기온을 올리거나 물이 얼음 상태라면 소행성을 충돌시켜 그 열로 얼음을 수증기로 바꿀 수도 있다.

물론 기술적인 문제가 전부는 아니다. 영화 '아바타'에서처럼 고등생명체가 살고 있다면 이들과 갈등을 빚지 않기 위한 노력이 필요하다. 인류가 지구화하려는 행성에 비소 박테리아처럼 여태까지 우리가 알지 못했던 미생물 수준의 외계 생명체가 존재한다면, 우리는 그 존재도 모른 채 그들을 멸종시킬지도 모른다. 부지불식중에 외계 행성의 생태계를 파괴하는 만행을 저지르는 셈이다. 따라서 인류가 우주 시대에 맞는 새로운 윤리를 갖춰야 한다는 뜻이다. 비소 생명체의 발견은 인류에게 새로운 숙제를 던져주고 있는 것이다.

외계생명체 탐사 연대기

인류가 외계생명체라는 개념을 처음 품은 것은 아주 오래전, 지구가 둥근지 평평한지도 모르던 시절의 일이었다. 이후 지구와 우주에 대한 지식은 점점 늘어났고, 2000여 년이 지난 오늘날에는 수백 광년 떨어진 외계행성에서 생명체의 증거를 찾는 수준에 이르렀다. 생명의 기원을 밝히고 지구 밖 생명체를 향해 다가서는 인류의 발걸음은 어떤 과정을 통해 여기까지 왔을까.

외계생명체에 관한 관념

기원전 3세기

고대 그리스의 철학자들도 지구가 아닌 다른 곳에 사는 존재에 대해 생각했다. 기원전 3세기경 살았던 철학자 에피쿠로스는 "우리 세상과 같거나 다른 세상은 수도 없이 많다. 우리는 이 모든 세상에 우리가 이 세상에서 볼 수 있는 것과 같은 행성과 생명체가 있다고 믿어야 한다"고 말했다.

1584년

이탈리아의 사상가이자 철학자인 지오다노 브루노는 로마 가톨릭의 수사였다. 브루노는 "우주에는 수많은 항성이 있고, 지구가 태양 주위를 돌듯 항성 주위를 도는 행성이 수도 없이 많다. 우주에 있는 수많은 행성에도 지구처럼 생명체가 있다"고 말했다. 하지만 당시 권력을 잡고 있던 로마 가톨릭은 브루노를 이단으로 선고하고 화형에 처했다.

1698년

네덜란드의 천문학자 크리스티안 하위헌스는 외계생명체의 존재를 믿었다. 그는 물이 생명체의 존재에 필수적이라고 생각했다. 하위헌스의 주장은 사후에 출판된 저서인 '코스모테오로스'에 실렸다.

드레이크 방정식

1960년

미국의 천문학자 프랭크 드레이크는 우리 은하계 안에 있으며 인간과 교신할 수 있는 지적 외계종족의 수를 계산하는 방정식을 발표했다. 이를 드레이크 방정식이라 하며, 드레이크의 생각에 따라 직접 계산한 수는 2.31이었다.

SETI 시작

1961년

지적 외계생명체를 찾는 프로젝트, SETI의 공식 컨퍼런스가 처음 열렸다. SETI는 우주에서 오는 전파를 받아 지성체의 증거를 찾는다. 시작할 당시에는 미국 정부의 후원을 받았지만, 현재는 개인이나 기업의 지원을 받아 활동하고 있다.

외계인에게 보내는 메시지

1972년

미국의 탐사선 파이어니어10호가 발사됐다. 파이어니어10호는 소행성대와 목성에 접근해 관측한 뒤 현재 태양계 밖을 향해 움직이고 있다. 여기에는 인류가 외계에 보내는 메시지를 그림으로 나타낸 금속판이 달려 있다. 금속판에는 인간 남녀의 모습과 지구에 관한 정보가 들어 있다.

태양 닮은 별의 행성 발견

1995년

스위스의 미헬
마이어와 디디에
쾰로즈는 페가수스자리
51 주위를 도는
행성을 발견했다.
태양과 비슷한
항성에서 발견한
첫 번째 행성이다.
질량은 목성의 절반
정도이며, 항성에 너무
가까워 표면에 물이
존재할 수는 없다.

화성 운석의 미생물

1996년

화성에서 떨어져 나온
운석에서 미생물
화석을 발견했다는
주장이 등장했다. 이
운석에 있던 화석
같은 구조가 나노
크기의 박테리아라는
주장이었지만,
아직까지 진위는
밝혀지지 않았다.

지구와 비슷한 외계행성

2001년

지구와 공전반경이
비슷한 행성
HD28185b가 발견됐다.
액체 상태의 물이
있을 가능성이 드러난
최초의 행성이다.

외계행성의 물 발견

2007년

최초로 외계행성에서
물을 발견했다. 스피처
우주망원경으로
행성 HD189733b의
스펙트럼을 조사한
결과 수증기가
있음이 드러났다.

외계행성의 유기물 발견

2008년

외계행성 HD189733b의
스펙트럼을 허블
우주망원경으로 분석해
유기분자의 존재를
발견했다. 외계행성에서
처음으로 유기분자를
찾아낸 것이다.

비소 박테리아 논란

2010년

NASA 우주생물학
연구소의 펠리사
울프-사이먼 박사는
지구에서 비소를
몸의 구성성분으로
이용하는
박테리아를
발견했다고
주장했다.

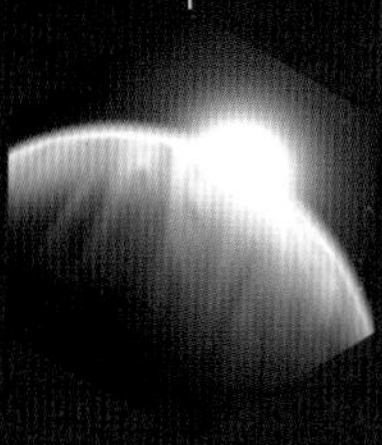

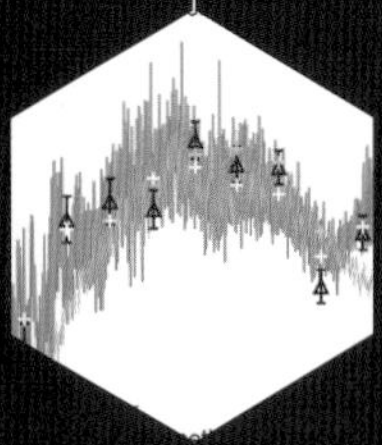

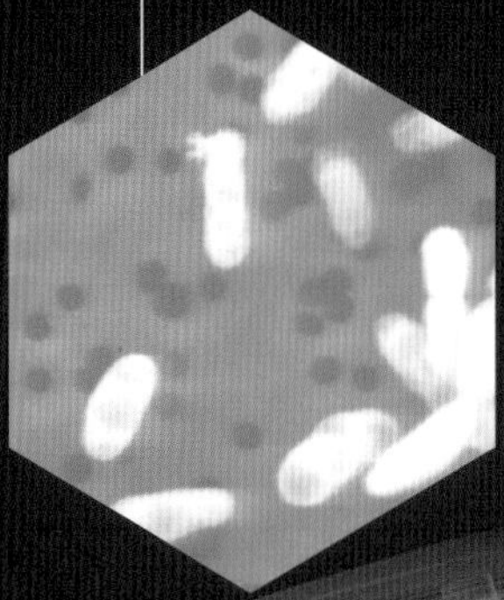

issue 03 생명

바이러스와의 전쟁

고선아

연세대학교에서 생명공학을 전공하고, 서강대학교 대학원에서 과학커뮤니케이션 석사학위를
받았다. 2000년부터 《과학소년》 기자로 활동하면서 고성, 해남, 태백 등 우리나라 화석 산지를 비롯해
몽골 고비사막에 이르기까지 화석을 찾고 자연을 관찰하는 캠프를 수차례 진행했다. 2006년부터
《어린이과학동아》 기자로 활동했으며, 현재 《어린이과학동아》 편집장을 맡고 있다. 지은 책으로는 《녹색전사
에코》(대원키즈, 2009), 《열혈 과학선생 붐》(대원키즈, 2009), 《큐브 타임즈 특종을 잡아라》(공저, 살림어린이,
2008) 등이 있다.

바이러스와의 전쟁

"… 전세계 모두들 안녕?

다들 기억하고 있어? 2000년 피의 그믐날 ….

그리고 2015년, 서력이 끝난 해. 바이러스로 많은 사람이 죽었지.

모두 내 예언대로였어. … (중략) …

신은 일주일 만에 세계를 만드셨다지.

그러니까 난 일주일 만에 이 세계를 끝내 버릴 거야.

그럼 안녕 모두들."

우라사와 나오키의 만화 《20세기 소년》에 나오는 '친구'의 예언이 실현되기라도 한 것일까? 지난 2010년 11월 28일 경북 안동에서 처음 구제역이 발생한 이후, 전국은 구제역 공포에서 휩싸였다. 2000년과 2002년에도 구제역이 발병했지만, 올해는 이전과는 비교할 수 없을 정도로 확산 속도가 빨랐다. 발생 2개월 만인 2011년 1월 말까지 전국에서 220만 마리가 넘는 가축이 *살처분되었고, 구제역 발생 3개월 만인 2011년 3월 1일까지 전국에서 살처분된 가축의 수는 345만 마리를 넘어섰다. 공상과학만화에서나 나올 법한 엄청난 바이러스의 공격이 소와 돼지를 상대로 현실에서 일어난 것이다.

*살처분 : 바이러스에 감염되었거나 감염되었을 가능성이 있는 동물을 죽여 바이러스의 숙주를 없애는 행위. 우리나라에서는 안락사 시킨 후 땅에 묻는다.

전국을 강타한

구제역 공포

설 연휴를 앞둔 지난 2011년 1월 26일, 정부에서는 행정안전부 장관이 구제역 확산 지역으로는 귀성을 자제해 달라는 담화문까지 발표하기에 이른다. 그러나 구제역 기세는 수그러들지 않았고, 설 연휴 기간 동안 구제역으로 살처분된 가축이 300만 마리를 넘어섰다.

빠르게 확산되는 구제역을 잡기 위해 살처분 정책이 계속되면서, 전국은 가축들의 무덤으로 변해갔다. 가축들이 묻힌 매몰지가 전국에 4400개나 생겨났다. 동시에 구제역으로 인한 피해액도 눈덩이처럼 불어나게 되었다. 2000년에는 구제역으로 약 22일 동안 2216마리의 가축이 매몰되었고, 피해액은 3006억 원 정도였다. 2002년에 구제역이 다시 발생했을 때는 약 52일 동안 16만 마리의 가축이 매몰되었고, 피해액은 1434억 원에 이르렀다. 그러나 2010년 말부터 시작되어 2011년 3월까지 이어지고 있는 구제역은 이미 그 피해액이 3조 원을 넘어서고 있다.

구제역은 이제 2차 오염의 문제까지 이어지고 있다. 전국 4700여 개나 되는 매몰지에 340만 마리가 넘는 가축을 매몰하다 보니, 제대로 처리되

구제역 양성 판정이 내려진 지역에서는 야간에도 불구하고 통행 차량에 대해 방역작업을 실시하고 있다.

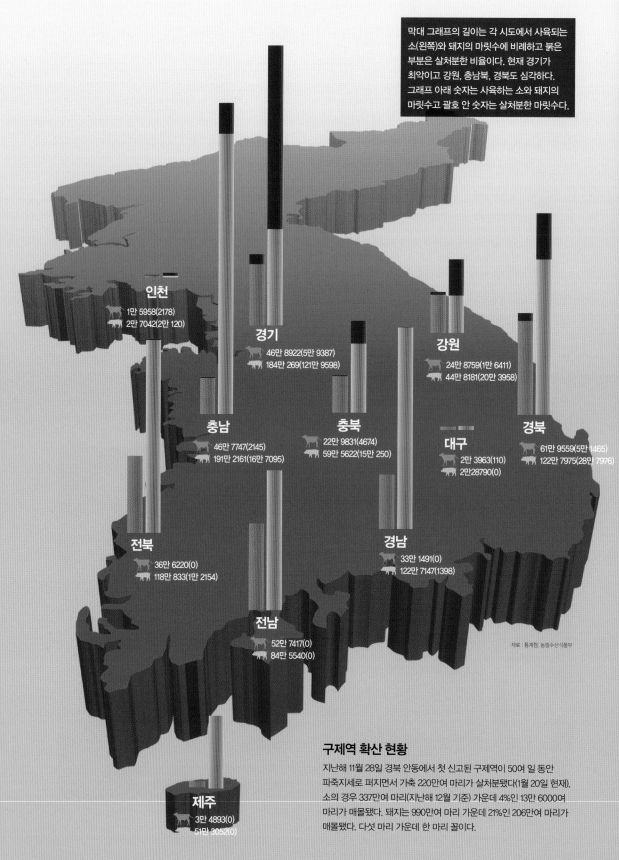

막대 그래프의 길이는 각 시도에서 사육되는
소(왼쪽)와 돼지의 마릿수에 비례하고 붉은
부분은 살처분한 비율이다. 현재 경기가
최악이고 강원, 충남북, 경북도 심각하다.
그래프 아래 숫자는 사육하는 소와 돼지의
마릿수고 괄호 안 숫자는 살처분한 마릿수다.

인천
1만 5958(2178)
2만 7042(2만 120)

경기
46만 8922(5만 9387)
184만 269(121만 9598)

강원
24만 8759(1만 6411)
44만 8181(20만 3958)

충남
46만 7747(2145)
191만 2161(16만 7095)

충북
22만 9831(4674)
59만 5622(15만 250)

대구
2만 3963(110)
2만28790(0)

경북
61만 9559(5만1465)
122만 7975(28만 7976)

전북
36만 6220(0)
118만 833(1만 2154)

경남
33만 1491(0)
122만 7147(1398)

전남
52만 7417(0)
84만 5540(0)

자료 : 통계청, 농림수산식품부

제주
3만 4893(0)
51만 3052(0)

구제역 확산 현황

지난해 11월 28일 경북 안동에서 첫 신고된 구제역이 50여 일 동안
파죽지세로 퍼지면서 가축 220만여 마리가 살처분됐다(1월 20일 현재).
소의 경우 337만여 마리(지난해 12월 기준) 가운데 4%인 13만 6000여
마리가 매몰됐다. 돼지는 990만여 마리 가운데 21%인 206만여 마리가
매몰됐다. 다섯 마리 가운데 한 마리 꼴이다.

지 않은 채 매몰이 이뤄진 게 문제였다. 일일이 안락사를 시킬 수 없어 생매장하는 일이 다수였고, 이때 매몰지의 깊이나 배수로 설치, 가축을 묻은 뒤 흙을 1.5m의 높이로 쌓는 성토작업 등이 제대로 이뤄지지 않았다. 이 때문에 매장된 가축들이 다시 흙을 뚫고 나와 나뒹굴거나, 침출수가 뿜어져 나오는 등의 충격적인 일이 곳곳에서 벌어졌다. 특히 매몰지를 강 상류에서 지나치게 가깝게 설치하거나, 마을 한가운데 설치하는 일도 많은 것으로 드러났다.

이런 상황에서 큰 비라도 내린다면? 침출수로 오염된 지하수를 식수원으로 먹게 된다면? 이제 구제역은 가축을 넘어 사람까지 2차 오염으로 위협하는 무서운 질병이 된 셈이다.

생물도 아니고
무생물도 아닌 바이러스

이렇듯 엄청난 공포와 피해를 주고 있는 구제역은 우리 눈에는 보이지도 않는 아주 작은 존재인 '바이러스'로부터 시작되었다. 흔히 바이러스와 박테리아를 헷갈리는 경우가 있지만 이 둘은 엄연히 다르다. 박테리아는 '세균'이라고도 불리는데, 스스로 살아갈 수 있는 모든 기관을 갖고 있는 엄연한 생물이다. 분해 작용을 통해 독소를 내놓는 경우도 있지만, 발효를 일으키는 것처럼 사람에게 유익한 일을 하는 이로운 세균도 많다.

하지만 바이러스는 엄밀히 말해 생물도 아니고, 무생물도 아닌 작은 '입자'다. 생물이 아니라고 하는 것은 스스로 생명활동을 할 수 없기 때문이다. 유전물질과 단백질만으로 이루어져 있기 때문에, 반드시 숙주가 되는 다른 생물체에 들어가 자신의 유전자를 복제시켜야만 한다. 숙주를 찾을 때까지 바이러스는 생명활동을 하지 않는 무생물로 떠돌아다닌다. 그렇다고 완전히 무생물이라고도 할 수 없다. 숙주를 만나면 숙주의 세포 속으로 들어가 자신의 유전자를 복제시켜 증식을 하는 생명활동을 하기 때문이다. 즉, 환경이 불리할 때는 무생물처럼 있다가 살아가기 유리한 환경이 되면 생명활동을 하는 놀랍도록 똑똑한 존재가 바로 바이러스다. 크

바이러스 생활사

구제역바이러스와 인플루엔자바이러스는 둘 다 게놈이 RNA 단일가닥으로 이뤄져 있다. RNA는 DNA에 비해 불안정한 분자이기 때문에 복제과정에서 오류가 많아 돌연변이가 쉽게 일어난다. 그 결과 숙주의 면역계가 제대로 대응하지 못한다. 한편 구제역바이러스는 게놈 자체가 전령RNA(mRNA)가 되는 양성가닥 RNA 바이러스인 반면 인플루엔자바이러스는 mRNA와 상보적인 음성가닥 RNA 바이러스다. 그 결과 숙주세포에서 복제하는 메커니즘이 많이 다르다.

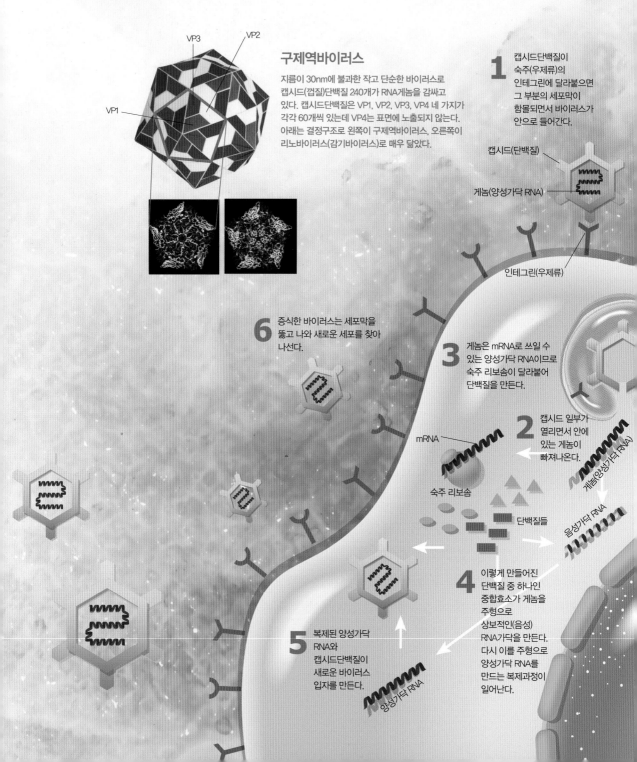

구제역바이러스

VP3　VP2

VP1

지름이 30nm에 불과한 작고 단순한 바이러스로 캡시드(껍질)단백질 240개가 RNA게놈을 감싸고 있다. 캡시드단백질은 VP1, VP2, VP3, VP4 네 가지가 각각 60개씩 있는데 VP4는 표면에 노출되지 않는다. 아래는 결정구조로 왼쪽이 구제역바이러스, 오른쪽이 리노바이러스(감기바이러스)로 매우 닮았다.

1 캡시드단백질이 숙주(우제류)의 인테그린에 달라붙으면 그 부분의 세포막이 함몰되면서 바이러스가 안으로 들어간다.

캡시드(단백질)

게놈(양성가닥 RNA)

인테그린(우제류)

6 증식한 바이러스는 세포막을 뚫고 나와 새로운 세포를 찾아 나선다.

3 게놈은 mRNA로 쓰일 수 있는 양성가닥 RNA이므로 숙주 리보솜이 달라붙어 단백질을 만든다.

2 캡시드 일부가 열리면서 안에 있는 게놈이 빠져나온다.

mRNA

숙주 리보솜

게놈(양성가닥 RNA)

음성가닥 RNA

단백질들

4 이렇게 만들어진 단백질 중 하나인 중합효소가 게놈을 주형으로 상보적인(음성) RNA가닥을 만든다. 다시 이를 주형으로 양성가닥 RNA를 만드는 복제과정이 일어난다.

5 복제된 양성가닥 RNA와 캡시드단백질이 새로운 바이러스 입자를 만든다.

양성가닥 RNA

인플루엔자바이러스

지름이 100nm 정도이고 캡시드단백질을 지질막이 감싸고
있는 구조다. RNA게놈은 8개의 조각으로 나눠져 있다.
전자현미경으로 볼 수 있지만 결정화가 안 되기 때문에
구제역바이러스처럼 원자 차원의 구조는 알 수 없다.
인플루엔자바이러스의 생활사는 다소 복잡하다.

1 바이러스 지질에 박혀 있는
헤마글루티닌이 숙주(포유류나 조류
가운데 특정 종)의 시알산에 달라붙으면
그 부분의 세포막이 함몰되면서
바이러스가 안으로 들어간다.

헤마글루티닌

게놈(음성가닥 RNA)

외피(지질)+캡시드(단백질)

중합효소

2 외피와 캡시드의 일부가 열리면서
안에 있는 게놈이 빠져나온다.
실제 게놈은 8조각이다.

9 증식된 바이러스는
세포막을 뚫고 나와 새로운
세포를 찾아 나선다.

시알산(포유류나 조류)

소포체

게놈(음성가닥 RNA)

중합 효소

헤마글루티닌

8 게놈과 단백질이
만나 캡시드를
만들고 이를 숙주의
지질이 감싸
바이러스가
완성된다.

3 중합효소가 붙어 있는
음성가닥 RNA인 게놈은
세포핵으로 이동한다.

숙주 리보솜

5 mRNA는 세포질로 이동한 뒤 일부는
소포체에 있는 리보솜을 이용해
표면단백질을 만들고, 일부는 세포질에
떠다니는 리보솜을 이용해 복제에
필요한 단백질 등을 만든다.

mRNA(양성가닥, RNA)

복제 주형(양성가닥 RNA)

4 중합효소가 게놈을 주형으로 해서
mRNA로 쓰이거나 복제에 주형으로
쓰일 양성가닥 RNA를 만든다.

단백질들

숙주 게놈

6 단백질은 세포핵으로 이동해
양성가닥 RNA를 주형으로
게놈(음성가닥 RNA)을 복제한다.

7 복제된 바이러스
게놈이 세포핵을
빠져나간다.

기도 박테리아에 비해 훨씬 작아서 일반 현미경이 아닌 전자현미경으로만 볼 수 있다. 보통 200nm(1nm=10억분의 1m)를 넘지 않는다.

바이러스는 RNA나 DNA 같은 유전물질을 단백질로 이뤄진 껍질이 둘러싸고 있다. 바이러스 껍질에는 숙주 세포를 인식하는 표식 같은 돌기와, 숙주 세포 안에서 번식한 뒤 숙주 세포를 뚫고 밖으로 나올 수 있게 하는 가위 역할을 하는 단백질이 있다. 이 덕분에 딱 맞는 숙주를 골라 효율적으로 자신의 유전자를 복제할 수 있다.

구제역,
한파가 키웠다   2000년 2216마리, 2002년 16만 155마리이던 구제역 매몰 가축 수가 2010년 11월~2011년 1월에 걸쳐 300만 마리를 넘어서며 최악의 구제역 사태로 확산되었다. 첫 감염 신고 후 50여일 만에 전국에서 300만 마리의 가축을 살처분하게 만든 구제역바이러스. 이 정도 위력이니 얼마나 강하고 독한 바이러스일까? 2011년은 왜 더 기승을 부린 걸까?

사실 구제역바이러스는 바이러스 중에서도 작고 단순한 피코나바이러스과에 속한다. 입자의 지름이 25㎚ 정도로, 각각 60개씩 있는 네 가지 종류의 단백질이 유전물질을 둘러싸고 있는 비교적 단순한 구조다. 게다가 유전물질이 DNA가 아닌 RNA 한 가닥으로 이루어져 있어 불안정하다. 또한 외피도 없어서 단백질 캡슐이 그대로 노출되어 있다. 숙주의 세포 표면을 인식해 자

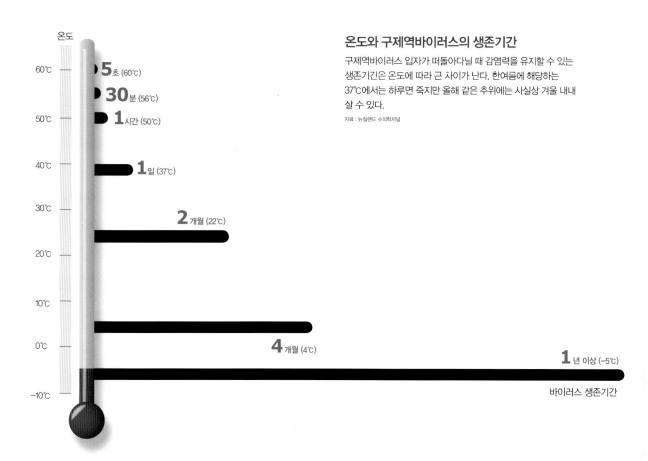

온도와 구제역바이러스의 생존기간

구제역바이러스 입자가 떠돌아다닐 때 감염력을 유지할 수 있는 생존기간은 온도에 따라 큰 차이가 난다. 한여름에 해당하는 37℃에서는 하루면 죽지만 올해 같은 추위에는 사실상 겨울 내내 살 수 있다.

자료 : 뉴질랜드 수의학저널

온도

60℃ — **5**초 (60℃)

30분 (56℃)

50℃ — **1**시간 (50℃)

40℃ — **1**일 (37℃)

30℃

2개월 (22℃)

20℃

10℃

0℃

4개월 (4℃)

1년 이상 (−5℃)

−10℃

바이러스 생존기간

신의 유전자를 복제하는 일로 외길 인생을 살아가는 바이러스의 입장에서 보자면, 불안정한 유전자 형태와 보호막 없는 구조는 생존에 절대적으로 불리할 수밖에 없다.

실제로 구제역바이러스는 불안정하기 때문에 복제되는 과정에서 변이가 쉽게 일어난다. 이 때문에 구제역바이러스 아종까지 합치면 80종이 넘을 정도로 다양하다. 또한 온도가 올라가거나 산성도가 변하면 단백질 구조가 변형되어 감염력을 잃는 특성이 있다.

그렇다면 별로 튼튼하지도 또 안정적이지도 않은 구제역바이러스가 왜 이렇게 확산되었을까? 아이러니하게도 구제역바이러스가 가진 약점이 역으로 유리하게 작용했기 때문이다.

우선 작은 바이러스의 크기가 빠른 전파에 도움이 됐다. 입자 크기가 작은 덕분에 공기 중에 떠다니는 먼지 입자에도 잘 달라붙을 수 있기 때문이

산성이나 염기성 액체인 소독약은 구제역바이러스를 쉽게 죽일 수 있다. 그러나 추위로 소독약이 얼면 효과를 제대로 내지 못한다.

다. 게다가 37℃ 정도에서는 단백질이 변형되어 하루 만에 죽는 구제역바이러스지만, 4℃ 정도의 낮은 온도에서는 4개월, 영하 5℃ 이하의 온도에서는 1년 이상도 살아남을 수 있다. 즉, 2011년 겨울과 같은 혹독한 추위에서라면 구제역바이러스는 겨우내 살아남을 수 있다는 얘기다. 이런 끈질긴 생명력 때문에 외국에서 들여온 햄이나 소시지에도 구제역바이러스가 들어있을 수도 있다. 실제로 익히지 않고 말려서 만드는 살라미 소시지에서는 400일까지도 살 수 있다.

강추위는 소독약마저도 무용지물로 만들었다. 구제역바이러스를 없애기 위해 뿌리는 소독약은 산성이나 염기성 액체다. 구제역바이러스가 pH7.2~7.6의 중성에서 살아남기 때문에 산성이나 염기성 상태에서는 단백질이 변형된다는 것을 이용해 소독을 하는 것이다. 또한 가축을 매몰하면서 뿌리는 생석회의 경우에는 수분을 만나면 열을 내는 원리를 이용해 소독 효과를 낸다. 하지만 올해는 이런 소독약의 효과도 제대로 볼 수가 없었다. 낮은 기온 때문에 소독약을 뿌리자마자 얼어버렸기 때문이다.

바이러스의 숙주 특이성

외국에서 사온 살라미 소시지를 운 좋게(?) 공항에서 걸리지 않고 집에까지 가져와 먹었는데, 만약 그 안에 구제역바이러스가 들어있었다면? 애지중지 하던 황소 누렁이를 연신 쓰다듬던 할아버지에게 구제역바이러스가 옮겨 붙었다면? 혹시 이러다 사람도 구제역에 걸리는 건 아닐까?

구제역바이러스는 소나 돼지처럼 발굽이 2개로 갈라진 우제류의 세포 표면에만 달라붙는다. 구제역 바이러스 표면의 돌기가 우제류 세포 표면의 단백질만을 인식해 달라붙을 수 있기 때문이다. 즉, 사람과 우제류의 세포 표면 단백질 구조가 다르기 때문에 구제역바이러스가 그 차이를 구별하는

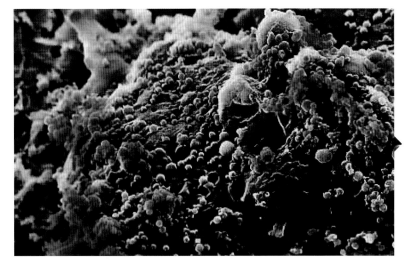

조류 인플루엔자(AI) 변종 바이러스인 H5N1의 사진. 끈처럼 이어진 푸른색 공 모양의 바이러스가 붉은색의 정상 세포를 공격해 파괴하는 모습이다. 스웨덴 카롤린스카의과대학이 세계 최초로 H5N1을 촬영하는 데 성공했다.

것이다. 이처럼 바이러스에 따라 알아차리는 숙주의 단백질이 정해져 있는 것을 '숙주 특이성'이라고 한다. 그러니 구제역에 걸린 소고기를 먹었다 해도 걱정할 필요는 없다. 구제역바이러스는 숙주를 고르는 기준이 명확하게 정해져 있으니 말이다. 그리고 무엇보다 우리나라에서는 구제역에 걸린 가축은 모두 살처분하고 있어 자의든 타의든 먹게 될 가능성이 거의 없다.

한편 구제역과 달리 사람과 가축 모두에게 감염되는 바이러스도 있다. 실제로 돼지와 사람을 모두 감염시키는 인플루엔자바이러스가 종종 나타나는데다, 2003년에는 사람도 감염시키는 고병원성 조류인플루엔자까지 나타났다. 변화무쌍한 바이러스가 계속 변이를 일으켜 숙주 특이성을 뛰어넘고 있는 것이다.

살처분과 **백신** 사이에 걸린

청정국의 운명　　　　구제역 감염 지역이 전국으로 확대되자, 정부에서는 12월 말부터 지역별로 구제역 백신을 접종하기 시작해 1월에는 전국적으로 백신접종을 확대했다. 흔히 백신은 살아있는 바이러스를 약하게 만든 것으로, 미리 그 바이러스에 대해 우리 몸을 단련시키는 역할을 한다. 즉, 약한 바이러스가 몸에 들어오면 우리 몸은 면역체계에 의해 항체를 만드는데, 이 항체가 실제 바이러스가 들어왔을 때 그 바이러스를 기억해 물

백신 접종 뒤 구제역 청정국 지위 회복 과정

매몰 정책에서 백신 정책으로 전환하면 '백신을 쓰지 않는 청정국'의 지위를 회복하는 데 시간이 더 오래 걸린다. 바이러스에 감염된 가축이 없다는 보장을 받기가 쉽지 않기 때문이다.

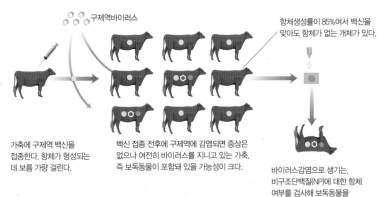

구제역바이러스

항체생성률이 85%여서 백신을 맞아도 항체가 없는 개체가 있다.

백신에 대한 항체

구제역바이러스

구제역바이러스 비구조단백질(NP)에 대한 항체

보독동물

가축에 구제역 백신을 접종한다. 항체가 형성되는 데 보름 가량 걸린다.

백신 접종 전후에 구제역에 감염되면 증상은 없으나 여전히 바이러스를 지니고 있는 가축, 즉 보독동물이 포함돼 있을 가능성이 크다.

바이러스감염으로 생기는, 비구조단백질(NP)에 대한 항체 여부를 검사해 보독동물을 선별, 살처분한다.

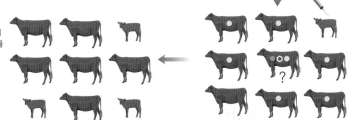

그 뒤 상당기간 구제역이 발생하지 않으면 백신 접종을 더 이상 하지 않는다. 일정 수의 가축을 검사해 통과되면 '백신을 쓰지 않는 청정국' 지위를 회복한다.

만일의 감염에 대비해 한동안 백신 접종을 계속해야 한다. 일정 수의 가축을 검사해 보독동물이 더 이상 발견되지 않으면 '백신을 쓰는 청정국' 지위를 얻게 된다. 그러나 보독동물이 있을 가능성이 여전히 남아 축산물 수출에 제한을 받는다.

리치는 것이다. 하지만 구제역 바이러스는 화학처리를 해 몸속에서 증식하지 못하도록 만든 '죽은' 바이러스를 이용한다. 면역력이 약한 가축의 경우 살아 있는 백신이 오히려 병을 일으킬 수도 있기 때문이다.

구제역에 걸린 소나 돼지는 최대 14일의 잠복기를 거쳐 침을 질질 흘리고 입 주변에 수포가 생기는 증상을 보인다. 구제역바이러스가 점막이 발달된 입이나 코 주변의 상피세포로 침입하기 때문이다. 우리나라에서는 백신을 접종하지 않은 농가에서 구제역이 발생했을 경우, 소는 반경 500m, 돼지는 반경 3㎞ 이내의 가축을 무조건 살처분하도록 되어 있다. 그러나 백신 접종을 한 경우에는 범위 내에 구제역에 걸린 가축과 백신 접종을 하지 않은 가축만을 골라 살처분한다.

그렇다면 왜 발생 초기에는 백신 접종을 하지 않았던 걸까? 그리고 구제역에 걸린 가축은 꼭 죽여야만 하는 것일까? 여기에는 조금 복잡한 여러 가지 이유가 얽혀 있다.

국제수역사무국(OIE)는 구제역 백신을 쓰지 않는 청정국, 백신을 쓰는 청정국, 그리고 구제역이 있는 나라 이렇게 세 종류로 국가들을 구분하고 있다. 구제역 백신을 쓰지 않는다는 것은 곧 구제역이 발생할 가능성이 낮다는 것으로, 가장 높은 지위의 청정국가임을 의미한다. 백신을 안 쓰는 청정국은 소고기나 돼지고기를 제한 없이 수출할 수 있으며, 자국의 방역을 위해 구제역 발생국가로부터 축산물 수입을 막을 수 있다. 우리나라도 이러한 최고 단계 청정국의 지위를 유지하기 위해 구제역 확산 초기에 백신 접종을 하지 않고 살처분만을 하는 매몰 정책을 폈던 것이다.

백신을 접종할 경우, 다시 백신을 쓰지 않는 청정국 지위를 회복하는 데는 오랜 시간이 필요하다는 것도 우리나라가 초기에 매몰 정책을 고집한 이유다. 오랜 시간 동안 백신 접종과 살처분 과정을 거쳐 최종 검사를 통해 구제역 바이러스가 없다는 것을 입증해야만 다시 백신을 쓰지 않는 청정국의 지위를 회복할 수 있기 때문이다.

그렇다면 왜 꼭 구제역에 걸린 가축을 죽여야만 할까? 사람에게 해가 없으니 치료해서 낫게 하면 어떨까? 하지만 안타깝게도 아직 구제역을 치료하는 확실한 방법이 마련되지 않았다. 구제역 치료법을 알아내기 위해서는 구제역에 걸린 가축으로 연구를 해야 하는데, 워낙 전염성이 커서 연구 환경을 만들기 어렵기 때문이다. 또한 구제역에 걸렸다가 나았을 경우 우유가 잘 나오지 않는 등 가축의 생산성이 크게 떨어진다. 그리고 무엇보다 살처분하는 것에 비해 구제역을 치료하는 시간과 비용이 훨씬 크다.

구제역 바이러스는 1897년 독일의 세균학자 프리드리히 뢰플러에 의해 동물 바이러스 중 가장 먼저 발견되었다. 하지만 앞서 말한 높은 감염

구제역은 가장 먼저 발견된 동물 바이러스임에도 여전히 골치 아픈 존재다. 워낙 감염성이 커 연구를 제대로 할 수 없었던 것도 한 요인이다. 미국은 육지에서 2.4㎞ 떨어진 플럼 섬에 동물질병센터(아래)를 지어 구제역을 연구하고 있다.

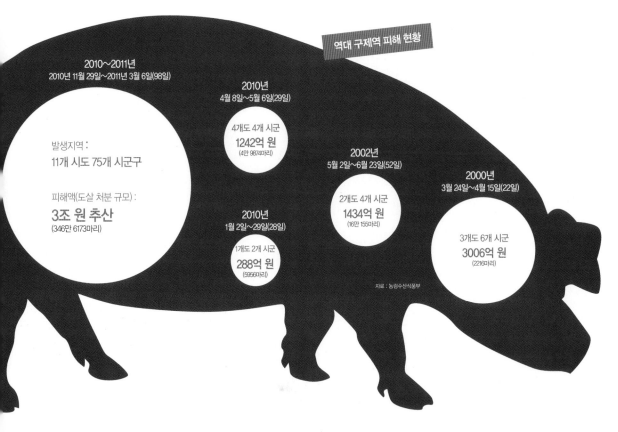

2010~2011년
2010년 11월 29일~2011년 3월 6일(98일)

발생지역 :
11개 시도 75개 시군구

피해액(도살 처분 규모) :
3조 원 추산
(346만 6173마리)

2010년
4월 8일~5월 6일(29일)

4개도 4개 시군
1242억 원
(4만 9874마리)

2010년
1월 2일~29일(28일)

1개도 2개 시군
288억 원
(5956마리)

2002년
5월 2일~6월 23일(52일)

2개도 4개 시군
1434억 원
(16만 155마리)

2000년
3월 24일~4월 15일(22일)

3개도 6개 시군
3006억 원
(2216마리)

자료 : 농림수산식품부

성과 경제적 이유들 때문에 인간에게 정복되지 않고 21세기 들어 그 위세
를 더욱 높이고 있다.

숙주 특이성을 뛰어넘은
조류인플루엔자   올겨울 구제역 사태가 워낙 빠르게 커지고
있어 상대적으로 조류인플루엔자에 대한 관심은 적은 듯했다. 그러나 이미
1월 말까지 전북지역을 중심으로 540만 마리나 되는 가금류가 살처분되면
서, 산림청에서 구제역과 조류인플루엔자에 걸린 가축 매몰을 위해 국유림
을 제공하겠다고 발표했을 정도가 되었다. 2월 들어서는 가까운 일본에서
도 조류인플루엔자가 빠르게 퍼지고 있다는 소식이 들리면서 조류인플루
엔자 공포는 더욱 커지고 있다.
      조류인플루엔자(AI)는 닭이나 오리, 철새 등 조류에게 감염이 되는 급성

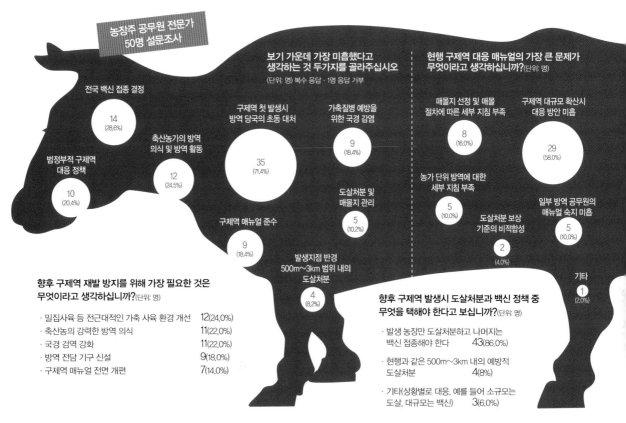

농장주 공무원 전문가
50명 설문조사

보기 가운데 가장 미흡했다고 생각하는 것 두가지를 골라주십시오
(단위: 명) 복수 응답 · 1명 응답 거부

현행 구제역 대응 매뉴얼의 가장 큰 문제가 무엇이라고 생각하십니까?(단위: 명)

전국 백신 접종 결정
14
(28.6%)

범정부적 구제역
대응 정책
10
(20.4%)

축산농가의 방역
의식 및 방역 활동
12
(24.5%)

구제역 첫 발생시
방역 당국의 초동 대처
35
(71.4%)

가축질병 예방을
위한 국경 감염
9
(18.4%)

도살처분 및
매몰지 관리
5
(10.2%)

구제역 매뉴얼 준수
9
(18.4%)

발생지점 반경
500m~3km 범위 내의
도살처분
4
(8.2%)

매몰지 선정 및 매몰
절차에 따른 세부 지침 부족
8
(16.0%)

구제역 대규모 확산시
대응 방안 미흡
29
(58.0%)

농가 단위 방역에 대한
세부 지침 부족
5
(10.0%)

도살처분 보상
기준의 비적합성
2
(4.0%)

일부 방역 공무원의
매뉴얼 숙지 미흡
5
(10.0%)

기타
1
(2.0%)

향후 구제역 재발 방지를 위해 가장 필요한 것은 무엇이라고 생각하십니까?(단위: 명)

· 밀집사육 등 전근대적인 가축 사육 환경 개선 12(24.0%)
· 축산농의 강력한 방역 의식 11(22.0%)
· 국경 검역 강화 11(22.0%)
· 방역 전담 기구 신설 9(18.0%)
· 구제역 매뉴얼 전면 개편 7(14.0%)

향후 구제역 발생시 도살처분과 백신 정책 중 무엇을 택해야 한다고 보십니까?(단위: 명)

· 발생 농장만 도살처분하고 나머지는
 백신 접종해야 한다 43(86.0%)
· 현행과 같은 500m~3km 내의 예방적
 도살처분 4(8%)
· 기타(상황별로 대응, 예를 들어 소규모는
 도살, 대규모는 백신) 3(6.0%)

바이러스성 전염병이다. 철새 같은 야생 조류는 감염이 돼도 별다른 증상이 나타나지 않고, 오리도 반 정도만 증상이 나타난다. 그러나 닭이나 꿩은 먹이를 먹는 양이 줄고, 알을 잘 낳지 못하는데다가 벼슬이 파란 색으로 변하면서 집단으로 죽는다.

하지만 조류인플루엔자가 구제역보다 더욱 두려운 이유는 따로 있다. 사람도 감염될 수 있는데다가, 고병원성일 경우 치사율이 60%나 되기 때문이다. 바이러스의 숙주 특이성에도 불구하고 조류와 사람 모두에게 감염이 일어날 수 있는 건, 앞서 말한 대로 바이러스에 변이가 일어났기 때문이다. 조류인플루엔자 바이러스가 숙주 세포에 달라붙도록 하는 단백질인 '헤마글루타닌(H)'은 원래 H5형으로, 사람은 감염시키지 못한다. 그러나 변이가 일어나면서 사람의 세포 표면에도 달라붙을 수 있게 바뀐 것이다. 그 결과 지금까지 전세계적으로 500여 명이 조류인플루엔자에 감염됐고, 이 중 300여 명이 사망했다.

조류인플루엔자는 주로 사람의 호흡기와 코나 눈의 점막 등을 통해서 들어가는데, 감염이 되면 38℃ 이상의 고열과 기침, 인후통, 호흡곤란 등을 겪게 된다. 그러다 심하면 죽음에 이르게 된다.

지금까지 조류인플루엔자에 감염되거나 감염되어 사망한 경우는 대부분 닭이나 오리를 집안에서 키워 위생상태가 나쁘고 바이러스에 많이 노출되는 상황이었다. 또한 조류인플루엔자 바이러스는 열에 약하기 때문에 닭고기나 오리고기는 충분히 익혀 먹으면 안전하다.

하지만 조류인플루엔자 바이러스는 워낙 빠르게 전파되기 때문에 지금처럼 조류인플루엔자 바이러스가 전염되는 상황에서는 되도록 조류를 가까이 하지 않는 게 좋다. 깃털이나 사료는 물론 특히 분변을 조심해야 한다. 분변 속에 있는 바이러스는 4℃에서 35일 동안 살아 있을 수 있는데, 그 사이 다른 조류에게 감염되면 2~3일의 잠복기를 거쳐 증상이 나타난다. 따라서 사람의 발이나 먹이 차량, 장비 등에 감염된 조류의 분변이 묻으면 순식간에 전염이 일어날 수 있다. 특히 조류인플루엔자에 걸린 닭의 분변 1g에는 수십만 마리 이상을 감염시킬 수 있는 바이러스가 들어 있는 것으로 알려져 있다. 따라서 닭이든 철새든 도시의 비둘기든 일단 분변은 피하고 볼 일이다.

조류인플루엔자를

전염시키지 않는 닭　　　　　구제역이든 조류인플루엔자 등 빠른 전염성이 피해를 키우는 가장 큰 이유다. 여기에 오밀조밀하게 집단 사육하는 사육환경과 철저하지 못한 위생 관리 등도 전염을 더욱 부채질하고 있다. 그런데 지난 2011년 1월 14일자 《사이언스》에는, 자신은 조류인플루엔자에 걸렸어도 주변의 닭에게는 감염을 시키지 않는 의리 있는 닭이 개발됐다는 연구결과가 실렸다.

영국 케임브리지대학교와 에든버러대학교의 공동 연구팀은 수탉의 유전자에 가짜 바이러스 게놈을 만드는 유전자를 이식했다. 유전자변형 닭을 만든 것이다. 그 결과 조류인플루엔자 바이러스가 수탉을 감염시킨 뒤,

자신의 유전자를 복제하려 할 때 문제가 생겼다. 진짜가 아닌 가짜 바이러스 게놈 때문에 착각을 일으켜 진짜 바이러스의 유전자가 복제되지 않은 것이다. 덕분에 이 수탉은 조류인플루엔자에 감염되었지만, 주변에 있던 일반 닭들은 감염되지 않았다. 연구팀은 이 연구가 조류인플루엔자로 인한 경제적 피해와 변종 바이러스 출현을 막는 데 기여할 수 있을 것으로 기대했다.

바이러스는
지금도 변이 중

지금까지 조류인플루엔자가 사람 사이에서 크게 유행하지 않은 것은, 아직 이 바이러스가 사람에서 사람으로 감염되는 능력을 갖지 못했기 때문이다. 하지만 지난 2010년 2월, UW-메디슨 수의과대학 연구팀은 PNAS에 발표한 연구결과를 통해, 조류인플루엔자바이러스가 사람인플루엔자바이러스와 유전자를 교환할 수 있고 그 결과 고병원성에 전염성 또한 높은 슈퍼인플루엔자바이러스가 나올 수 있다고 경고했다.

또한 2010년 10월, 영국 런던 임페리얼칼리지 연구팀은 2009년 유행했던 신종플루바이러스 중 특히 치명적이었던 변종 바이러스가 다양한 호흡기 세포를 감염시킬 수 있다는 것을 확인했다고 발표했다. 그리고 앞으로 더욱 치명적인 변종 바이러스가 나올 수 있기 때문에 변종 인플루엔자바이러스를 관리하는 것이 중요하다고 강조했다.

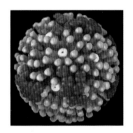

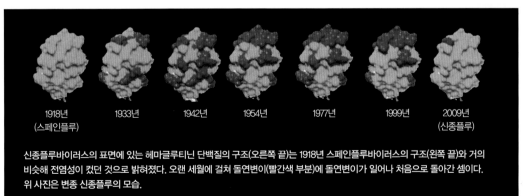

| 1918년 (스페인플루) | 1933년 | 1942년 | 1954년 | 1977년 | 1999년 | 2009년 (신종플루) |

신종플루바이러스의 표면에 있는 헤마글루티닌 단백질의 구조(오른쪽 끝)는 1918년 스페인플루바이러스의 구조(왼쪽 끝)와 거의 비슷해 전염성이 컸던 것으로 밝혀졌다. 오랜 세월에 걸쳐 돌연변이(빨간색 부분)에 돌연변이가 일어나 처음으로 돌아간 셈이다. 위 사진은 변종 신종플루의 모습.

신종플루는 2008년 3월, 멕시코에서 신종 돼지 인플루엔자가 발생하면서 전세계로 퍼지기 시작했다. 돼지만 걸리는 인플루엔자가 변이를 일으켜 사람도 걸릴 수 있게 되면서 크게 번진 것이다. 상황은 나빠져 결국 세계보건기구는 전염병의 대유행 단계인 '판데믹'을 선언하기에 이른다. 우리나라에서도 2009년 70만 명 이상이 감염되고, 평소 건강했던 사람이 신종플루로 사망하는 일이 생기면서 온 국민이 공포에 떨어야 했다.

그러나 사실 신종플루는 전염성은 크지만, 병원성은 낮아서 계절성 독감과 그 위력이 비슷하다. 또한 백신접종이 많이 이뤄지고, 또 개인 위생 교육이 강화되면서 2010년 들어 신종플루 감염자 수는 크게 줄어들었다. 하지만 2010년 8월 인도에서 신종플루로 83명이 사망하고 우리나라에서도 발병 사례가 종종 보고되면서 신종플루 유행에 대한 걱정은 여전히 남아 있다. 전문가들은 많은 사람들이 백신을 접종했기 때문에 2009년처럼 크게 유행할 가능성은 적다고 말하고 있다. 다만 백신을 맞아도 10명 중 8명 정도만 항체가 생기기 때문에, 백신을 맞았어도 신종플루에 걸릴 가능성은 남아 있다.

끝나지 않은
바이러스와의 전쟁
"끝이 아니야. 우리가 살아 있어. 밥을 먹고 잠을 자고, 다시 일어나 앞으로도 살아간다. 우리가 살아 있는 한 끝 같은 건 없어." -우라사와 나오키의 《20세기 소년》 중

세균과는 다른 바이러스의 존재는 1800년대 후반에서 1900년대를 거치는 동안 많은 과학자들의 연구를 통해 처음으로 규명되었다. 바로 담배모자이크병을 일으키는 담배모자이크바이러스가 그 주인공이다. 그러나 천연두바이러스가 일으키는 전염병인 천연두는 기원전 3000년경의 고대 이집트 미라에서도 그 흔적을 찾을 수 있을 만큼 오랜 역사를 갖고 있다. 인류가 바이러스라는 존재를 깨달은 건 200년도 안 되지만, 바이러스는 이미 오래전부터 인류와 함께 살아가고 있었다는 얘기다.

1918년 나타난 스페인독감바이러스는 2년 동안 전세계 인구의 절반

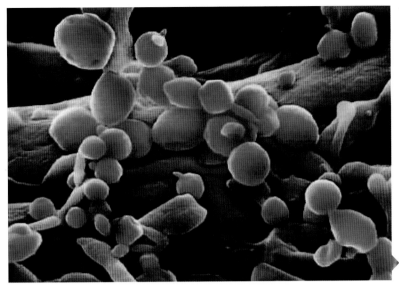

전파력이 빠른
조류인플루엔자 바이러스.

을 감염시키고, 이 중 5000만 명 이상의 목숨을 빼앗아갔다. 또한 에이즈 (AIDS), 사스(SARS), 에볼라출혈열 등 바이러스가 일으키는 전염병은 계속 해서 인류를 위협하고 있다. 세계보건기구에 따르면 1970년 이후 사스, 에 볼라 등 39종의 새로운 전염병이 등장했다고 한다. 이러한 바이러스의 등 장과 전염병의 확산에는 인류가 지구 곳곳을 개발한 것과, 발달된 교통수 단으로 교류가 활발해진 것도 한몫을 했음에 틀림없다. 고립됐던 바이러스 를 퍼뜨리고, 그 접점을 늘린 것은 결국 인류라는 걸 부정할 수 없다.

바이러스는 과거에도 존재했고, 현재에도 존재하고 있으며, 앞으로도 존재할 것이다. 인류가 바이러스를 예방하는 백신을 개발해 대항하고 있 고, 실제로 천연두바이러스처럼 박멸되었다고 선언된 바이러스도 있다. 하 지만 바이러스가 계속해서 변이를 일으키고 있는 이상 치명적인 바이러스 가 나타날 가능성은 언제든지 열려 있다.

이례적인 구제역 사태로 가축들의 생매장 사태와 더불어 먹을거리 파동 조짐까지 보이고 있는 지금, 철저한 방역 시스템과 대처 방안을 마련해야 한다는 목소리가 높다. 하지만 이런 대책이 사람이 가장 우선이고, 가장 소 중하기 때문이라는 이기심에서라면 곤란하다. 그런 오만함이 바이러스를 핑계로 수백만 마리의 가축을 생매장하는 현실을 만들었고, 앞으로 새로 운 전염병의 창궐이라는 더 큰 시련의 기폭제가 될 것이기 때문이다.

issue 04 환경

소멸, 생성 그리고 증가

이은희

2001년 연세대 대학원에서 생물학 석사(신경생리학 전공)을 받았고, 2007년에 고려대
과학기술학협동과정에서 과학언론학 전공으로 박사과정을 수료했다. 2001년부터 제약회사 연구원으로
일하다가 블로그에 연재하던 글들을 모아 2002년 《하리하라의 생물학 카페》를 발간했고, 2003년 이
책으로 한국과학기술도서상 저술상을 수상하며 본격적으로 과학저술 작업을 시작했다. 현재 한양대에서
과학기술학에 대해 강의하면서, 틈틈히 '하리하라'라는 필명으로 네이버와 동아일보에 칼럼을 연재하고,
청소년과 일반인을 대상으로 하는 대중 과학서를 쓰고 있다.

소멸, 생성 그리고 증가

1854년 9월, 영국 런던의 브로드가 주민들의 식수원이었던 펌프가 폐쇄되었다. 그리고 정확히 일주일 뒤, 사람들을 속절없이 쓰러지게 만들던 콜레라가 잦아들었다. 오염된 식수가 콜레라의 전파원이라고 주장했던 존 스노 박사의 예견이 맞아떨어지는 순간이었다.

19세기에는 밀집된 도시 생활로 인해 발생하는 오물의 증가로 인한 공중위생의 위협이 가장 큰 문제였다. 특히나 오염된 식수를 통해 퍼지는 콜레라, 티푸스, 이질 등의 수인성 전염병의 기세는 매우 사나웠기에 이들로부터 사람들을 보호하는 것이 환경 문제의 주된 업무였다.

이후 19세기와 20세기의 주된 환경 이슈는 '오염된 환경으로 인한 피해 저지'에 초점이 맞춰졌다. 런던의 스모그 현상, 미나마타만 주민의 수은 중독, DDT로 인해 조용해진 봄에 대한 우려 역시 이런 연장선상에 놓여 있다. 하지만 21세기의 환경 문제는 이전보다는 훨씬 더 큰 규모와 다른 접근 방식을 가지고 있다. 환경 파괴가 주는 위험성에 대한 자연의 경고에도 불구하고 자연을 훼손하고 생태계를 붕괴시킨 인간의 과오는 이제 피해의 정도를 넘어 인류 집단의 생존, 나아가 생태계 전반의 존속과 존재 기반을 뿌리째 뒤흔드는 심각한 문제로 돌아오고 있기 때문이다. 이제 환경 이슈는 인류에게 있어 생존과 관련된 이슈가 된 셈이다.

21세기 환경 이슈의 특징은 소멸(消滅)과 증가(增加)라는 단어로 요약될 수 있다. 인류는 최근 200여 년 동안 지구상에 존재했던 많은 것들을 사라지게 만들었고, 대신 다른 것들을 끼워 넣었다. 문제는 인간이 소멸시킨 것들은 인간 생존에 꼭 필요한 것들이며, 인간이 끼워 넣은 것들은 생존을 위협하는 물질이라는 것이다. 인간이 개입된 환경 요소들의 악성 증감은 인간과 환경 모두를 죽음의 문턱까지 밀어넣었고, 이제 환경 문제는 절체절명의 문제로 부각되고 있다. 이제 우리에게 환경 문제는 단순히 오염과 정화의 수준을 넘어서 기존의 관념을 뒤집는 새로운 발상이 필요하다. 환경의 보존은 인류의 존속을 위한 기반이며, 환경 파괴는 곧 인류 자신에게 총부리를 겨누는 일임을 깨닫고 환경과의 공존공생을 위한 새로운 관계를 정립해야 하는 것이다.

인간이
소멸시킨 것들
인간과 환경과의 새로운 관계를 정립하기 전에 먼저 지난 세기 인간이 저지른 과오를 통해 우리가 얼마나 어리석은 짓

지난 4월, 캐나다 세인트로렌스에서 사냥꾼이 물범에게 총을 겨누고 있다. 둘 중 누가 살아남았을까. 에드워드 윌슨은 2100년에는 전체 종의 50%가 멸종할 거라 예측했다.

지구 생물은 지금

2010년 10월 27일, 일본 나고야에서 열린 제10회 생물다양성총회 부대행사에서
세계자연보전연맹(IUCN)의 생물 종 연구 결과가 발표됐다.
이 연구 결과에 따르면, 조사한 척추동물의 약 20%가 멸종 위험에 직면해 있으며,
매년 평균 52종의 포유류와 조류, 양서류는 멸종 위협이 심각해지고 있는 것으로
나타났다. 특히 양서류는 41%가 멸종 위기에 놓여 있었다.

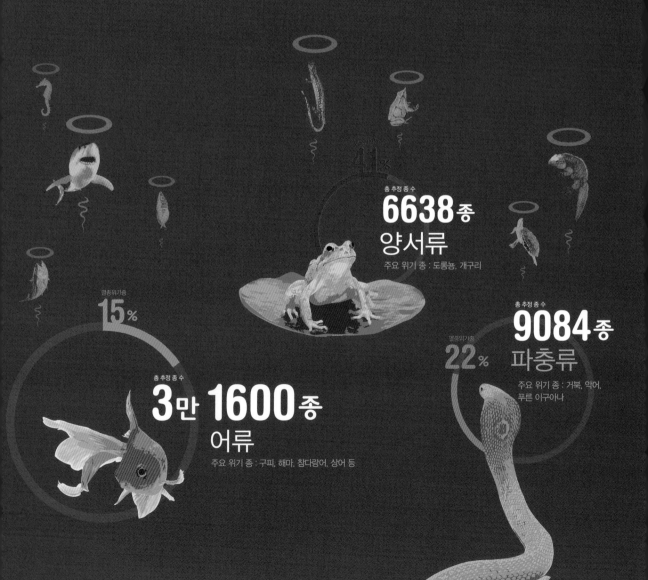

41%

총 추정 종 수
6638종
양서류

주요 위기 종 : 도롱뇽, 개구리

멸종위기종
15%

총 추정 종 수
3만 1600종
어류

주요 위기 종 : 구피, 해마, 참다랑어, 상어 등

총 추정 종 수
9084종
파충류

멸종위기종
22%

주요 위기 종 : 거북, 악어,
푸른 이구아나

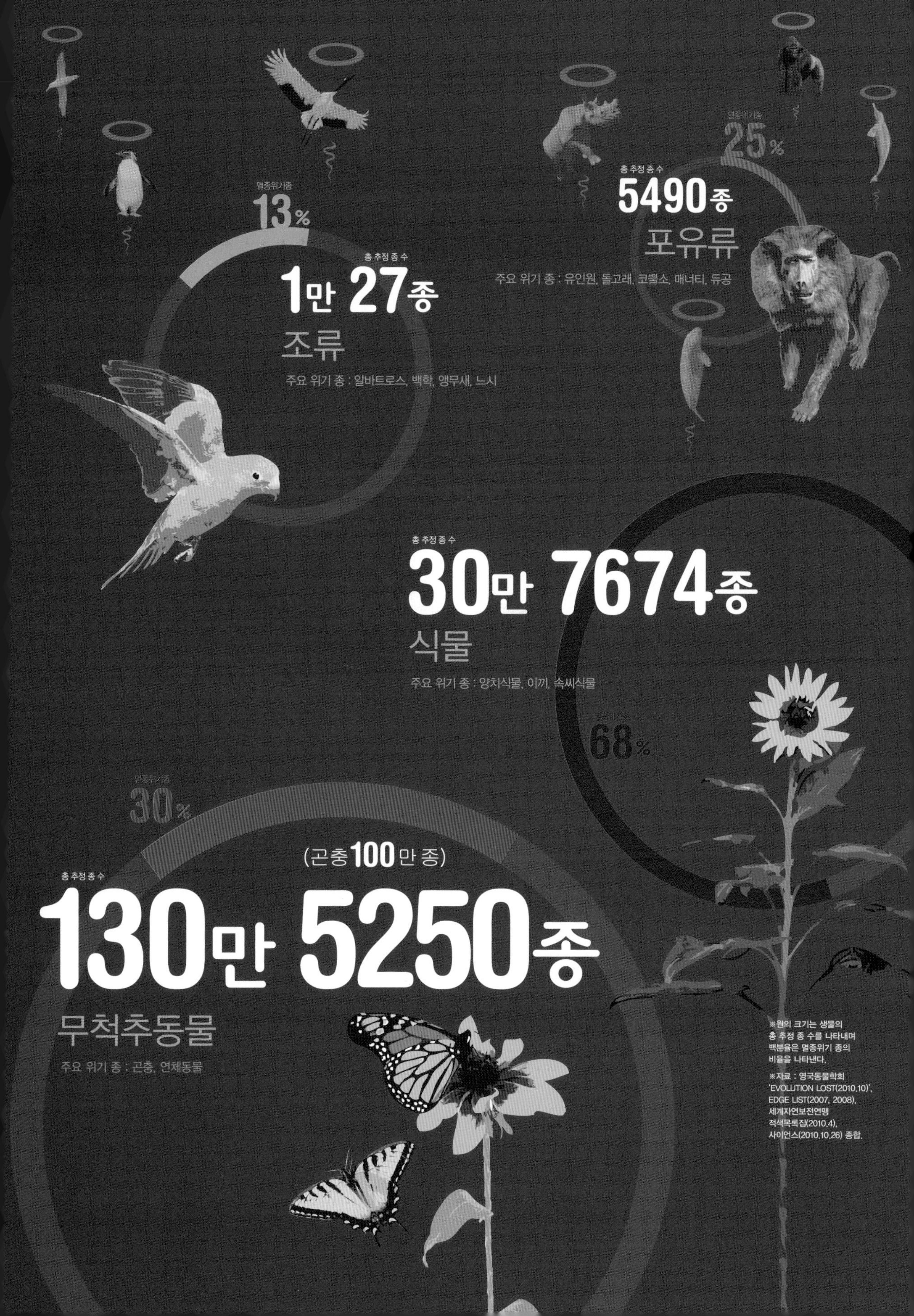

멸종위기종
13%

총 추정 종 수
1만 **27**종
조류

주요 위기 종 : 알바트로스, 백학, 앵무새, 느시

총 추정 종 수
5490종
포유류

멸종위기종
25%

주요 위기 종 : 유인원, 돌고래, 코뿔소, 매너티, 듀공

총 추정 종 수
30만 **7674**종
식물

주요 위기 종 : 양치식물, 이끼, 속씨식물

멸종위기종
68%

멸종위기종
30%

(곤충 **100**만 종)

총 추정 종 수
130만 **5250**종

무척추동물

주요 위기 종 : 곤충, 연체동물

※원의 크기는 생물의
총 추정 종 수를 나타내며
백분율은 멸종위기 종의
비율을 나타낸다.

※자료 : 영국동물학회
'EVOLUTION LOST(2010.10)',
EDGE LIST(2007, 2008),
세계자연보전연맹
적색목록집(2010.4),
사이언스(2010.10.26) 종합.

지도로 본 멸종위기종

세계자연보전연맹(IUCN)의 2010년도 적색목록집(Red List)에 실린
주요 국가의 멸종위기종 수를 지도에 표시해 보았다.
지도에서 높이 도드라질수록 멸종위기종도 많다. 동남아시아와 남아시아,
아메리카와 오세아니아 대륙에 특히 많은 종이 위기에 처해 있다.
이미 멸종한 생물은 제외됐으며 표시되지 않은 나라에도
멸종위기종이 있다는 사실에 주의할 것.

14
그린란드

미국

77
캐나다

1152
미국

쿠바
304

에콰도르

943
멕시코

2255

282
자메이카

285
코스타리카

681
콜롬비아

347
파나마

773
브라질

551
페루

213
아르헨티나

대표적인 멸종위기종

IUCN과 런던동물학회가 꼽는 대표적인 멸종위기종들.
식물과 동물, 척추동물과 무척추동물을 가리지 않고
전세계에 분포한다는 사실을 알 수 있다.

니컬 표범나비
학명 : Melitaea Aurelia
분포 지역 : 중부 유럽
위협 요인 : 서식지 파괴

시베리아 흰두루미
학명 : Grus leucogeranus
분포 지역 : 러시아 북부와 시베리아 서부
위협 요인 : 습지 파괴, 농업

양쯔강 돌고래(바이지)
학명 : Lipotes vexillifer
분포 지역 : 중국 양쯔강
위협 요인 : 강 오염

검은코뿔소
학명 : Diceros bicornis
분포 지역 : 동부 및 중앙아프리카
위협 요인 : 뿔 거래를 위한 밀렵

북록호퍼펭귄
학명 : Eudyptes moseleyi
분포 지역 : 남대서양 가프 섬
위협 요인 : 사냥, 서식처 방문에 따른 오염

벌레잡이통풀
학명 : Nepenthes madagascariensis
분포 지역 : 마다가스카르
위협 요인 : 서식처 파괴

백상아리
학명 : Carcharodon carharias
분포 지역 : 대서양 및 태평양, 인도양 연안
위협 요인 : 사냥, 지느러미 낚시

푸른이구아나
학명 : Cyclura lewisi
분포 지역 : 카리브 해 케이먼 섬
위협 요인 : 떠돌이 개와 고양이에 의한 포식

솜털머리 타마린
학명 : Saguinus oedipus
분포 지역 : 콜롬비아 열대우림
위협 요인 : 숲 파괴

에콰도르 독개구리
학명 : Epipedobates tricolor
분포 지역 : 에콰도르 중부 안데스산맥 경사지
위협 요인 : 농약, 서식처 파괴

※자료 : 영국동물학회
'EVOLUTION LOST(2010.10)',
EDGE LIST(2007, 2008),
세계자연보전연맹
적색목록집(2010.4) 종합.
※사진 : Ikiwaner, Thurner
Hof, Arjan Haverkamp,
Pauln, Luke, Terry Goss,
Jacob Hubner, Scott Zona

을 저질러왔는지 살펴보기로 하자. 지난 세기 인간의 역사는 '소멸'의 과정이었다. 인간은 자원을 고갈시켰고, 숲과 나무를 불태웠으며, 많은 생물들을 죽음으로 몰아넣어 생태계를 파괴했다. 인류는 태초 이후부터 자연이 만들어낸 자원을 이용해왔지만, 그 수준이 가파르게 상승한 것은 18세기 산업혁명 이후이다. 산업혁명 이후 인간은 석탄과 석유, 천연가스와 같은 화석연료들에 불을 붙여 이를 동력원으로 이용했다. 화석연료들은 기계와 자동차를 돌리는 에너지를 발산했지만 동시에 이산화탄소와 황산화물, 질소산화물 등을 뿜어내 대기오염의 최대 주범이 되기도 했다. 하지만 화석연료의 과다 사용 문제는 단순히 공기가 더러워지는 수준에서 끝나지 않는다. 가장 근본적인 문제는 화석연료의 지나친 소비로 인해 부존량에 한계가 있던 화석연료가 바닥을 보이고 있다는 것이다. 구체적인 부존량과 고갈 연도는 학자들 사이에 의견 차이가 나타나지만, 짧게는 40년에서 길게는 200여 년이면 인류가 이용가능한 화석연료는 거의 고갈될 것이라는 데에는 거의 대부분이 동의한다. 인류가 환경을 더럽히고 싶어도 남은 것이 없어서 그럴 수 없는 시기가 올 수 있다는 말이다.

또한 인류 집단의 폭발적 증가는 지구라는 한정된 공간에서 다른 개체들의 서식지를 빼앗는다는 점에서 소멸이라는 단어는 다시 등장한다. 인구가 증가하자 먹고 살기 위해 인간들은 산과 들을 깎아 집을 짓고 강과 호수를 메워 땅을 만들었다. 숲은 목재가 되기 위해 잘려나갔고, 초원은 농지로 바뀌었다. 숲과 초원과 강이 사라지자 그 곳에서 살아가던 식물과 동물들도 사라졌고, 생태계는 파괴되었다. 원래 생명체들은 탄생과 멸종이 주기적으로 반복되기는 하지만, 인류가 지구상에 출현한 이후 멸종의 속도가 이전에 비해 1000~1만 배는 빨라진 것이 문제이다. 지금도 지구에서는 20분마다 하나의 생물종이 사라지고 있으며 그 속도 역시 더 빨라지고 있는 실정이다.

마지막으로 인간이 고갈시킨 또 하나의 물질은 바로 '물'이다. 지표의 70%가 바다로 뒤덮인 지구에서 물이 부족하다는 것은 어불성설로 들릴지 모른다. 하지만 '구슬이 서 말이라도 꿰어야 보배'라는 말처럼 중요한 것은 얼마나 많은 물이 있느냐가 아니라 '사용 가능한 물의 양'이다. 표면적으로 지구는 물을 가득 품은 행성이다. 그러나 대부분의 물은 염분이 가득한 해수이고, 전체 물 중에서 민물은 2.5%인데 이것마저도 대부분은 지하수나 빙하로 인간이 사용할 수 있는 호수나 강의 물은 오직 전체 수자원 중 0.0086%에 불과하다. 그럼에도 불구하고 인간의 증가는 기본적인 물 요구량을 늘렸을 뿐 아니라, 1인당 물 소비량은 과거에 비해 폭발적으로 늘어났고 산림 파괴 등으로 인해 수원(水原)이 고갈되면서 물 부족은 점점 심해지고 있다. 그나마 남은 물도 부영양화와 중금속 오염 등으로 더럽혀지는 실정이다. 함부로 물을 낭비한 댓가는 신화 속 시지프스의 저주를 앞당기고 있다.

모하메드 나시드 몰디브 대통령이 장관들과 함께 바다 밑 6m에서 각료회의를 열고 세계 각국에 온실가스 감축을 요구하는 결의안을 채택했다.

인간이

증가시킨 것들

'소멸' 외에도 21세기 환경 이슈의 또 다른 키워드는 '증가(增加)'다. 근본적으로 환경 문제의 저변에는 인구의 폭발적 증가가 자리한다. 기원전 1000년 5000만 명에 불과했던 인구가 그 10배인 5억 명으로 늘어나는 데 약 2700년의 세월이 필요했다. 그런데 이 시기 이후 인구 증가는 가속이 붙어 다시금 인구가 10배인 50억으로 늘어나는 데 고작 300년(1987년)밖에 걸리지 않았다. 유엔인구기금(UNFPA)의 발표에 따르면 2010년 기준 전세계 인구는 69억 870만 명으로, 2011년 내 70억 명을 넘어설 것으로 보고 있다. 겨우 3000년 만에 인간의 숫자가 140배가 넘게 늘어나다보니 인간이 만들어내는 유해물질의 양도 폭발적으로 증가할 수밖에 없다.

인간이 증가시킨 유해 물질 중에 가장 많은 관심을 받는 것은 이산화탄소다. 어쩌면 이산화탄소는 유해물질이라 부르기에는 문제가 있을지도 모른다. 온실효과나 광합성 분야에서 이산화탄소는 꼭 필요한 물질이니까.

하지만 적절한 양을 넘어 과다하게 증가하는 이산화탄소는 분명 문젯거리가 된다. 오랜 세월 일정 수준으로 유지되어 왔던 대기 중 이산화탄소 농도가 산업 혁명 이후 증가한 것에는 인류의 책임이 크다. 산업화 이후 인간은 화석연료의 사용을 폭발적으로 증가시켰는데, 탄소(C)를 포함하는 화석연료의 연소는 산소(O_2)와의 결합을 통해 필연적으로 이산화탄소(CO_2)의 생산량을 증가시킨다. 또한 인간은 이산화탄소의 발생량을 늘리는 동시에, 숲을 벌목해 이산화탄소의 포집을 방해하는 두 가지 방식으로 사태를 악화시켰다. 지난 2009년 한 해 동안 약 289억 6240만 톤의 이산화탄소가 대기 중으로 배출되었다. 이에 반해 열대우림은 광합성을 통해 연간 1ha당 16톤의 이산화탄소를 흡수한다. 이산화탄소 배출량이 늘어도 이를 포집할 수 있는 숲이 든든하게 버텨준다면 적어도 증가세를 완만하게 낮출 수는 있다는 뜻이다. 그런데 인간에 의한 이산화탄소 증가량이 점점 가파른 상승세를 타는데 반해(1990년대 이산화탄소 증가량은 연간 1%대였으나, 2000년~2008년 사이 이산화탄소 증가량은 연간 3%대에 달한다), 세계야생기금(WWF)의 보고에 따르면 아마존의 열대우림은 해마다 0.5%씩 파괴되고 있다(여기서 다시 소멸이라는 단어가 등장한다. 증가는 소멸과 맞물리는데 문제는 악화가 양화를 구축한다는 것이다). 이 같은 이산화탄소의 증가는 지구온난화와 기후 변화의 원인이 될 수 있다.

이산화탄소 외에 인류가 만들어내 환경에 악영향을 미치는 물질들은 또 있다. 레이첼 카슨이 꼭 집어 경고했던 DDT 이외에도 인류는 지난 세기, 화학의 발전과 더불어 기존에는 지구상에 존재하지 않았던 다양한 물질들을 만들어냈고 이들을 환경에 뿌려댔다. 이들은 대개 기존에는 없던 물질이기 때문에 이들을 분해하는 미생물들이 아직 갖춰지지 않은 경우가 많다. 생태계에 존재하는 많은 물질들은 생물체 내에서 고분자 상태로 조합되었다가, 생물체가 죽으면 미생물에 의해 분해되어 다시 낱낱의 상태로 돌아가고 이는 다시 생물체 속으로 유입되어 순환한다. 질소(N)의 예를 들어보자. 대기 중에 존재하는 질소 가스는 번개나 뿌리혹박테리아의 도움을 받아 질산이온이나 암모늄이온 상태가 되어 식물체로 흡수되어, 생명체의 기본 블록이 되는 단백질을 합성한다. 식물이 단백질 형태로 포함하고 있던 질소는 먹이사슬을 통해 동물에게로 옮겨지며 이들이 죽어 주검이 되면 미생물들은 이를 분해하여 다시금 토양과 대기 중으로 질소를 되돌려준다. 질소 이외에도 많은 원소들은 이처럼 조합되고 분해되는 과정을 거치면서 생태계 속에서 순환된다. 그런데 인간이 만들어낸 새로운 물질들은 처음 태어났기에 아직 순환의 고리를 가지지 못하는 경우가 허다하다. 그렇기에 이들은 태반이 그대로 토양이나 물과 같은 환경 속에 남거나 체내에 들어온 이후 빠져나가지 못한 채 그대로 잔존하게 되며 다양한 문제를 일으키게 된다.

소멸과 증가의 대가는 **회복불가능**

화석연료의 고갈

먼저 소멸의 한 파트인 자원 고갈에 대해 석유를 예로 들어 살펴보자. 석유가 고갈되면 무슨 일이 일어날까? 얼핏 떠오르는 것은 길 한 가운데 멈춘 자동차와 가동하지 않는 공장들, 그리고 차갑게 식은 공기와 불 꺼진 건물일 것이다. 각종 운송수단과 발전소, 공장의 가동과 난방 분야에 있어서 석유 의존도는 절대적이기 때문이다. 하지만 문제는 여기서 그치지 않는다.

우리 인류는 끊임없이
이산화탄소와 같은
온실가스를 배출하고 있다.

현대 산업사회는 석유를 기반으로 하여 형성된 사회라고 해도 과언이 아닐 만큼 우리의 삶에 석유가 미치는 영향은 지대하다.

석유는 연료로 쓰일 뿐 아니라, 다양한 가공제품의 원료로도 쓰이기 때문이다. 석유로부터 생산되는 가공제품의 리스트에는 다양한 플라스틱과 비닐을 포함한 합성수지, 나일론과 폴리에스테르를 비롯한 합성 섬유, 합성 고무, 페인트, 합성 세제, 계면활성제, 페인트를 비롯한 각종 염료, 가소제, 비료, 농약, 윤활유, 왁스, 아스팔트의 재료로 쓰일 뿐 아니라, 아세톤과 부탄올, 암모니아의 합성시 수소 공급원으로 쓰인다. 아세톤이 현대 화학에서 매우 중요한 유기 용매이며 탄환과 폭약의 제조에 사용되고 암모니아가 합성 비료와 냉매로 널리 사용된다는 점까지 더해진다면, 석유의 고갈은 현대 사회의 존재 기반 자체를 붕괴시킬 수 있다.

석유 하나만 해도 이런데 여기에 또 다른 연료원이자 원료인 석탄과 천연가스를 더하면 어떤 일이 일어날지 상상해보자. 나아가 이들 인간이 땅속 깊숙이 구멍을 내고 길을 뚫어 캐낸 각종 천연 자원들까지 더해보자. 인간의 문명이 석기를 넘어 청동기와 철기 같은 금속에 기원하게 된 지는 이미 수천 년이 지났다. 그러므로 이들의 고갈은 우리의 수천 년 역사 자체를 말살시키는 단초가 될 것이다.

서식지 파괴

석유를 대표로 하는 화석 연료와 천연 자원의 고갈이 이들에 의존해 형성된 현대 사회의 붕괴와 연결된다면, 또 다른 소멸의 문제인 생물의 멸종과 서식지의 파괴는 어떤 식으로 인간에게 영향을 미칠 것인가? 얼핏 생각하면 한정된 지구의 자원을 나눠가져야 하는 생물들이 줄어들면 인간에게 더 유리한 것이 아닌가라는 생각이 들기도 한다. 그러나 지구상에 존재하는 모든 것은 그 자체가 하나의 자원이며, 지구 생태계의 균형은 이들의 존재를 전제하여 맞춰져 있기에 이들의 소멸은 지구 생태계에 교란을 불러일으킨다. 이에 대해 작은 예를 들어보자.

20세기 초까지만 하더라도 미국 애리조나주의 카이바브 고원은 너른 초원 위에 사슴과 늑대와 퓨마가 공존하는 역동적인 곳이었다. 그런데 1907

년 사람들이 이곳에 들어온 뒤로 반세기가 채 지나지 않아 카이바브 고원은 황무지가 되고 만다. 사람들이 카이바브 고원을 일부러 황무지로 만든 것은 아니었다. 그들이 한 일이라고는 단지 맹수의 습격으로부터 '불쌍한' 사슴을 보호하기 위해 퓨마와 늑대의 사냥을 허용해 이들의 개체수를 급감시킨 것뿐이었다. 그러나 이 인도적인(?) 처사는 결국 모든 동식물의 멸종이라는 비극을 불러일으킨다. 포식자가 없어지자 사슴의 개체수는 늘어났다. 하지만 사슴이 늘어났어도 카이바브 고원의 초지는 그대로였기 때문에, 고원의 풀들은 삽시간에 동이 났고, 결국 고원은 점차 황량해져 갔다. 그리고 먹이가 부족해진 사슴들은 결국 굶어죽고 말았고, 최후의 사슴이 최후의 풀 한 포기를 뜯어먹고 쓰러지는 순간, 카이바브 고원은 모든 것을 잃고 완전한 폐허만 남았다.

이는 극단적인 경우이긴 하지만, 때로 한 종의 멸종은 이와 연관된 생태계의 생존 고리를 완전히 붕괴시킬 수 있다. 더 큰 문제는 인간의 착각이다. 인간은 생태계의 일원이 아니며 그들과 대립하는 독립적 존재라고 여긴다. 하지만 인간 역시 생태계의 일원이며 생존 고리들이 복잡하게 연결된 생태계 네트워크 안에서 살아가는 존재일 뿐이다. 인간에 의한 생태계의 파괴와 생물종의 멸종은 작게는 인간이 섭취할 식량 자원의 파괴이며, 나아가 생물의 멸종을 앞당기는 자기 파멸 행위인 것이다.

물부족

여기에 물 부족까지 더해지면 인류의 생존은 그야말로 불투명해진다. 인간의 몸은 70% 이상이 물로 구성되어 있는데, 이 중 10% 잃으면 탈수증세가 나타나고 20%를 잃으면 사

인간도 생태계의 일원이며 모든 생물들과 함께 살아야 하는 존재라는 인식이 필요할 때다.

아프리카 말리의 시카소 지역 두나 마을에서 쓰는 우물. 언제 우물이 마를지 모르는 상황에 처해 있다.

망하게 된다. 인간 외에 다른 생명체 역시 물이 없으면 살아갈 수 없다. 물은 가장 뛰어난 용매로 생명체가 살아가기 위해 필요한 다양한 물질들을 함유할 수 있는 거의 유일한 물질이기 때문이다. 따라서 물, 즉 사용 가능한 물의 부족은 인류뿐 아니라 거의 대부분의 생명체에게 있어 생존의 위기를 가져오게 된다.

이산화탄소 증가

여기까지만 해도 문제는 충분히 심각하고 넘치지만, '생성'으로 인한 피해는 소멸에 뒤지지 않는다. 이미 우리는 전세계적으로 그 위력을 체감하고 있다. 이산화탄소의 증가로 인한 지구온난화는 기상 이변과 자연 재해의 피해를 늘리고 있다. 이산화탄소가 매우 중요한 온실가스이기 때문이다.

태초 이래 지구는 태양으로부터 가시광선 형태의 복사에너지를 받고, 받은 만큼의 에너지를 적외선 형태로 방출하며 열평형을 이루어왔다. 지구를 둘러싼 대기 중에는 파장이 짧은 가시광선은 그대로 통과시키지만, 파장이 긴 적외선의 투과는 방해하는 기체들이 존재한다. 이들로 인해 태양 복사에너지는 모두 지구 외부로 방출되지 않고 일부가 대기권에 갇혀 지구는 이들이 존재하지 않을 때와 비교하여 비교적 높은 기온이 유지된다. 이런 성질을 가진 기체들은 마치 지구의 열이 빠져나가는 것을 막는 온실의 유리처럼 작용한다 하여 온실가스라 불린다.

　이산화탄소, 메탄, 아산화질소, 수소불화탄소, 과불화탄소, 육불화황이 온실가스에 속하는 기체들로, 이 중에서도 이산화탄소는 양적인 측면에서 가장 주요한 온실가스로 꼽히고 있다. 즉, 이산화탄소의 증가는 온실 효과의 가중으로 인한 기상 이변을 전제한다. 모래를 한 알씩 떨어뜨리면 처음에 모래는 별다른 변화없이 쌓여 모래더미를 이루게 된다. 하지만 이런 현상이 계속되면 어느 순간 임계 상태에 이르게 되는데, 이때에는 단 한 알의 모래만 더해져도 순식간에 모래더미는 걷잡을 수 없이 무너지고 만다. 구체적인 임계치는 알 수 없지만, 최근의 변화들을 보면 대기 중의 이산화탄소 농도가 임계치에 근접하고 있다는 것만큼은 확실해보인다.

　이산화탄소의 증가로 따뜻해진 대기는 극지방의 만년설을 녹여 해수면을 높이고, 물의 증발을 가속화시켜 대기 중 수증기 함량을 높인다. 늘어난 바닷물은 해일을 일으켜 해안을 휩쓸며, 포화 상태에 이른 수증기는 기습적인 폭우와 폭설이 되어 지표면을 침수시킨다. 게다가 빙하가 녹은 차가

대표적 온실가스인 이산화탄소 배출을 줄이려는 노력은 회의나 공연 등 각종 행사에서뿐만 아니라 사회 전반으로 확산되고 있다. 사진은 서울시청 앞 서울광장에서 지구온난화를 막기 위해 이산화탄소 배출을 줄이자는 취지의 퍼포먼스를 펼치고 있는 모습.

운 민물의 대량 유입은 기존에 존재하던 해류 시스템에 교란을 일으킨다.

해류의 교란은 난류와 한류의 교환으로 적도와 극지방 사이에 일어나던 열전달 시스템의 교란으로 이어지고, 이는 '열의 빈익빈 부익부 현상'을 가져온다. 수프를 잘 젓지 않으면 바닥은 눌어붙고 위쪽은 묽어지는 것처럼 해류가 고루 흐르지 않는 바다는 적도 지방의 수온 상승과 극지방의 수온 하락을 가져와 저위도 지방에서는 이상 고온 현상을, 고위도 지방에서는 이상 저온 현상을 일으킬 수 있다. 영화 '투모로우'에서 생생하게 그린 것처럼 지구 온난화가 고위도 지방에서는 오히려 빙하기를 불러일으킬 수도 있다는 것이다.

기후 변화는 단지 굵직굵직한 자연 재해만을 가져오는 것이 아니다. 이는 생태계의 변화와 함께 전반적인 인간 생활사의 변화를 불러온다. 해류의 변화는 수온에 따라 다르게 서식하던 해양 생물들의 분포를 바꿔 어업에 지대한 영향을 미친다. 폭염과 한파는 그 자체로도 인간을 위협하는 요소가 되며(2003년 유럽의 폭염으로 인한 사망자의 급증과 2010년 한파로 인한 피해 급증을 돌이켜보라), 변화된 기후는 식생과 그에 따르는 생물종의 서식지 변화를 일으켜 다양한 문제를 만들어낸다. 이미 기세가 꺾인 것으로 알려졌던 뎅기열, 세균성 이질, 장티푸스 같은 질병들이 2000년대 들어 다시 발생률이 올라간 것에는 지구온난화로 인한 평균 기온 상승으로 이들 질병의 매개체가 되는 곤충(변온동물이라 추운 지역에서는 살 수 없다)들의 서식지가 늘어났고, 미생물의 활성 자체도 변화하여 나타난 현상으로 보고 있다.

화학물질의 생성

이산화탄소 외에도 인류가 만들어낸 다양한 화학물질은 부메랑이 되어 다시 인간을 공격한다. 화학공업의 발달로 인해 인류는 다양한 인공물질들을 합성하여 사용하고 있다. 그런데 이들 중에는 합성 당시에는 의도하지 않았던 다른 기능을 가지는 경우가 종종 있다. 이들에게서 나타나는 가외의 작용 중 가장 문제시 되는 것은 내분비계 교란 작용이다.

DDT를 비롯해 비스페놀과 다이옥신, 스티렌 등은 체내에서 호르몬과 비슷한 작용을 하여 신체 시스템을 교란시키는 물질들도 상당수 존재한다.

호르몬 시스템의 교란은 면역계를 교란시키고 암의 발생을 높일 뿐 아니라, 생식과 발생에 악영향을 미쳐 불임과 기형 개체의 탄생을 유도하고, 나아가 생명까지 위협할 수 있다. 인간은 스스로 만들어낸 생성물로 인해 생존의 위협을 받고 있는 것이다.

새로운 시대, 새로운 환경 이슈

이처럼 지난 세기 인간을 둘러싼 환경은 인간의 지나친 탐욕과 무분별한 소비로 인해 망가질 대로 망가졌다. 아직은 힘겹게 버티고 있는 모래성이 언제 무너질지 모른다는 것이다. 그나마 다행스러운 것은 인간 집단들이 오랜 어리석음에서 벗어나 위기 상황에 대해 눈을 돌리는 이들이 조금씩 늘어나고 있다는 것이다. 그리고 이들은 기존과 다른 패러다임을 주장한다. 기존의 패러다임은 환경은 인간과 독립적으로 존재하는 것이며, 인간의 활동이 환경의 일부를 오염시켜 병들게 하였으므로 이를 정화하여 깨끗하게 만들어주면 문제가 해결될 것이라 믿었다. 하지만 새로운 패러다임은 전혀 다른 시각을 제시한다.

먼저 이 시각에서는 인간의 존재를 환경과 대립적인 존재가 아니라 환경에 포함된 존재로 여긴다. 인간은 환경에 맞설 정도로 대단한 존재는 아니라는 것이다. 인간은 지구를 바꿀 수 없다. 고갈되어가는 화석연료에 대응해 그 매장량을 늘릴 수도 없고, 자연재해가 일어나지 않도록 막을 수도 없으며, 물 없이 살아가도록 인체 시스템을 바꿀 수도 없다. 우리에게 지금 이 순간 필요한 것은 인간은 자연의 일부이며, 그 속에서 살아가기 위해서는 자연의 섭리를 거스르지 않는 수준에서 생존과 발전을 도모하고, 자연과 공존해

국제 환경단체 그린피스 회원들이 독일에서 열린 세계 환경장관 기후회의에서 미국, 독일 등의 환경정책에 항의하는 퍼포먼스를 벌이고 있다.

서 살아가는 것이 진정 인류를 위하는 길이라는 사실을 깨닫는 것이다.

지난 세기 소멸과 증가라는 키워드로 묶여 문제가 된 환경 이슈들은 근본적으로 인간의 소비 지향적 시스템에서 기원한다. 포드주의를 기점으로 촉발된 소비의 미덕은 20세기를 화려하게 장식했지만, 제한된 자원의 낭비는 파멸의 시간만을 앞당길 뿐이라는 사실을 드러냈다. 이제 사람들에게 있어 '좋은' 자원이란 화석연료처럼 쓰기는 쉽지만 한정된 자원이 아니라, 얻기에 품이 더 들더라도 순환되어 재생될 수 있는 자원이라는 생각이 퍼져나가고 있다. 소멸 대신 재생과 순환을 새로운 키워드로 받아들이고자 하는 것이다.

'친환경' 혹은 '그린 에너지'라는 이름을 등에 업은 재생에너지 분야가 각광받는 것은 이런 이유에서이다. 세차게 부는 바람과 작열하는 햇빛, 그리고 출렁이는 강물과 파도가 단지 눈요깃거리가 아니라, 새로운 에너지원으로 각광받는 것은 이 때문이다. 소멸의 일회성에 위기감을 느낀 사람들이 재생과 순환에서 안정을 찾는 것은 에너지 분야만은 아니다. 재활용 쓰레기의 분리 배출로 인해 버려지는 자원의 재생을 유도하고, 유기 폐기물을 발효시켜 메탄가스를 추출하는 것도 이에 속한다.

인공적으로 만들어진 물질에 비해 자연 속에서 만들어진 물질을 더욱 가치있는 것으로 평가하는 유행 역시 이런 시대적 흐름에서 파생된 것이다. 20세기는 '화학'이라는 말을 좋아했다. 조미료에 '화학'이라는 접두사를 붙인 것도 당시에는 그것이 최첨단이며 좋은 것이라고 생각했기 때문이었다. 하지만 언젠가부터 원목과 유기농, 천연 재료라 이름 붙은 것들이 가공과 합성제품이라는 꼬리표를 단 것보다 더 가치있는 것으로 여겨지며, '화학'이라는 접두사는 그 가치가 퇴색되었다. 인간이 만들어내 자연의 순환고리를 통하지 않는 것보다 자연 속에서 순환과 재생의 사이클을 거쳐 만들어낸 것들이 더욱 우대받는 것은 그만큼 우리 사회에서 순환과 재생의 가치가 각광받게 되었다는 것을 뜻한다. 지난 세기 우리가 파괴한 환경에 대한 뉘우침이 인간이 느끼는 '가치'의 맥락을 바꿔놓았다는 점에서 환경 문제는 문화적 요소까지 영향을 주고 있음을 알 수 있다.

또한 인간의 독주로 인한 소멸과 증가로 파괴된 자연과의 공존과 공생의 중요성을 깨달은 것도 21세기 주요 환경 키워드로 읽힐 수 있다. 멸종 위기종들을 보호종으로 지정해 남획을 막고, 그들의 서식지를 보호하며, 필요하다면 생명공학기술을 이용해 멸종을 막는 것이다. 유엔이 지난 2010년을 생물다양성의 해로 지정해 멸종 생물 보호에 나선 것은 생물다양성의 지속적인 손실이 오히려 인간에게 있어 경제·사회·문화적 악영향을 미쳐 커다란 손실을 초래한다는 뒤늦은 깨달음의 일환이었다.

또한 이산화탄소 증가의 위험성을 인식하여 온실가스 감축 협약을 통해 온실가스의 배출량을 줄이도록 노력하는 것도 인간과 환경의 공존과 공생을 위한 길이다. 2005년 2월 교토의정서의 발효 이후 세계 각국은 각자 목표치를 정해서 재생 에너지 개발과 탄소 배출권 거래제, 생물 연료 보급 등 다양한 방식을 통해 전지구적 온실가스 줄이기에 매진하고 있다.

우리나라 역시 지난 2010년 4월, '저탄소녹색성장기본법'이 발효된 이래 온실가스 감축과 에너지 관리에 나서고 있다. 인류가 대기 중에 이산화탄소를 대량으로 뿜어낸 시간에 비하면 이를 줄이기 위해 노력한 것은 겨우 시작에 불과하기 때문에 아직은 유의미한 변화가 나타나지는 않지만, 이산화탄소 배출을 줄이기 위한 삶의 방식의 변화는 앞으로 살아낼 한 세기 동안 인류가 지향해야 할 바를 가르쳐 주고 있는 것이다. 자연이 지닌 재생과 순환의 과정을 받아들이며 그 속에서 공존하고 공생하기 위해 우리 인류가 해야 할 일이 무엇인지를 고민하는 것이 진정 21세기의 환경 이슈임을 말이다.

issue 05 기후

지구가 전하는
변화의 메시지

장미경

1999년 서울대 대학원에서 자원공학 석사학위(응용지구물리 전공)를 받았다. 1999년
《마이크로소프트웨어》에서 기자 생활을 시작했으며, 과학종합미디어 '동아사이언스로 옮겨
월간 《과학동아》에 과학과 문화를 접목한 다양한 기사를 써왔다. 현재는 교육과학기술부 산하
한국과학창의재단이 운영하는 인터넷 과학신문 《사이언스타임즈》의 편집장을 맡고 있다.

지구가 전하는 변화의 메시지

최악의 기록적인 폭염과 폭우, 관측 이래 최대 폭설, 30년 만의 최고 한파…. 지난 2010년, '최대, 최악, 최고'라는 수식어를 달고 우리나라에 나타난 이상기후 현상들이다. 봄, 여름, 가을, 겨울이 뚜렷하고 아름다운 사계절을 가진 한반도가 언제부터인지 이상기후 출몰로 몸살을 앓고 있다.

기상청은 2010년 12월말, 범부처 공동으로 작성한 '2010 이상기후 특별보고서'를 통해 2010년 이상기후 현상의 원인으로 '북극진동'을 지목하며, '북극의 기온이 평년보다 약 10도 높은 상태가 유지되면서 강한 음(−)의 북극진동이 지속돼 이례적인 강추위가 생겨났다'고 분석했다.

북극진동이란 북극에 존재하는 찬 공기 소용돌이가 수십 일 또는 수십 년을 주기로 강약을 되풀이하는 현상을 뜻한다. 음(−)의 북극진동은 북극 기온이 평년보다 크게 상승해 소용돌이가 약화된 상태를 말하는데, 이 경우 소용돌이 안에 갇혀 있던 극지방의 찬 공기가 중위도까지 남하하면서 우리나라를 비롯한 중위도 지역에 한파와 폭설이 나타나게 된다. 또한 고위도의 차고 건조한 기류와 저위도의 따뜻하고 습한 기류가 충돌해 지구촌 곳곳에서 기록적인 집중호우가 발생하게 된다.

2010년 지구의 평균기온은 1880년 기온 관측이 시작된 이래 최고치를 기록했지만, 지금도 진행 중인 변화의 조짐은 또 다른 기록 갱신을 예고하고 있다. 이를 증명이라도 하듯 '미국 폭설', '호주와 브라질 홍수', '아시아 한파' 등 전 세계는 지금도 기후변화로 인해 발생하는 갖가지 이상기후 소식들로 떠들썩하다.

　남극과 북극의 빙하 두께가 얇아진다거나 철새의 이동주기가 변화한다는 언론보도는 이제 더 이상 놀라운 뉴스가 아닌 듯하다. 기후변화는 미래의 어느 시점에 영향을 끼칠 막연한 이슈가 아니라, 바로 지금 인간의 삶과 생태계를 변화시키는 문제로 더욱 심각하게 부각되고 있기 때문이다. 이런 일이 발생하는 원인은 과연 무엇일까. 기후란 무엇이며, 기후변화가 왜 중요하고 무엇이 문제가 된다는 말일까.

날씨, 기후
그리고 **기후변화**

먼저 날씨와 기후의 개념부터 살펴보자. 우리는 매일 매스컴을 통해 기온, 강수량 등 날씨에 대한 기상예보를 듣는다. 이처럼 '날씨'는 특정 지역에서 매일 시시각각 변하는 기상 현상을 뜻한다. 반면 '기후'는 대략 수십 년 동안 일정 지역의 날씨를 측정해 평균화한

2011년 2월 11~12일 강원도 동해안 지역에 100㎝가 넘는 폭설이 내렸다. 동해시의 한 주민이 지붕에 쌓인 눈을 치우고 있다.

것을 말한다.

예를 들어 날씨는 개별 기상 현상의 발생, 전파, 예측에 대한 내용을 담고 있지만, 기후는 내년에 얼마나 많은 비 또는 눈이 내릴지, 태풍이 언제쯤 어떤 형태로 나타날지 등을 다룬다. 따라서 날씨의 변화 주기는 매우 짧고, 기후의 변화 속도는 매우 느리게 나타난다. 기후는 장기간의 데이터를 기반으로 측정하는 만큼, 위도, 바다나 산의 존재 등 지리적 요소에 따라 달라지며, 계절이나 주기 등 시간에 따라서도 달라지기 때문이다. 또한 사람들이 예년과 다르게 느끼는 기후의 기준은 대체로 최근 30년 동안의 평균 기온이기 때문에, 이를 크게 벗어나지 않으면 정상적인 기후 범주에 있다고 본다.

따라서 수십 년 이상 지속되는 기후의 상태가 범주를 벗어나거나 통계

적으로 중요한 변화가 있을 때, 이를 '기후변화'라고 부른다. 지난 100년간 지구의 기후는 평균 0.6℃ 상승했다. 1℃ 미만의 상승에 대해 대수롭지 않게 생각할 수도 있겠지만, 지난 1만 년간의 상승폭이 1℃ 내외였다는 점을 감안한다면 지난 100년간의 기후변화는 심상치 않은 수준이다. 특히 여름과 봄이 길어지고, 겨울이 짧아지고 따뜻해졌으며, 최근에는 전 세계적으로 폭설, 폭우 등 이상기후 현상이 속출하고 있다. 기후가 변화하는 원인은 무엇일까.

기후는 매우 복잡한 물리계이므로 변화하는 원인 역시 다양하다. 대기, 물, 얼음, 땅, 생물 등 기후시스템을 구성하는 요소의 상호작용에 의해 생길 수 있고, 바다나 대기 등 개별 요소 간의 상호작용에 의해 생겨날 수 있다. 또한 화산 분출, 태양활동의 변화, 태양과 지구 위치 변화 등 외적으로 야기

동해안 지역에 2~3월에 폭설이 내리는 이유는 상층에 있는 찬 공기가 북동풍을 타고 상대적으로 온도가 높은 해수면을 따라 내려오면서 수증기를 공급받아 눈구름대가 동해안 상공에 만들어지기 때문이다.

된 사건에 의해 발생할 수도 있다. 이러한 기후변화 내용은 과거의 흔적을 통해서도 상당 부분 발견할 수 있으며, 자연적으로 발생하는 요인이라고 할 수 있다.

문제는 인간의 활동과 문명의 발전 등 인간에 의해 야기되는 인위적 원인 때문에 기후변화의 속도가 빨라지고 있다는 점이다. 어떤 변화가 어떻게 이루어지고 있다는 것일까.

지구 대기의 99%는 질소(78.1%)와 산소(20.9%)로 이루어져 있다. 나머지 1%는 이산화탄소, 메탄, 수증기 등 미량기체인데, 이들이 지구를 따뜻하게 감싸 우리가 살기에 적당한 환경을 유지시켜준다. 이들은 온실처럼 지구를 감싸고 있다고 해서 온실가스(greenhouse gases)라고 부르는데, 이런 온실가스가 없다면 지구는 생활하기 쉽지 않은 환경으로 바뀌게 된다.

폭설이 내린 2010년 1월 4일 미국항공우주국(NASA)의 테라(Terra) 위성이 찍은 한반도의 모습. 경기도와 황해도, 평안도 지역에서 특히 적설량이 많았다.

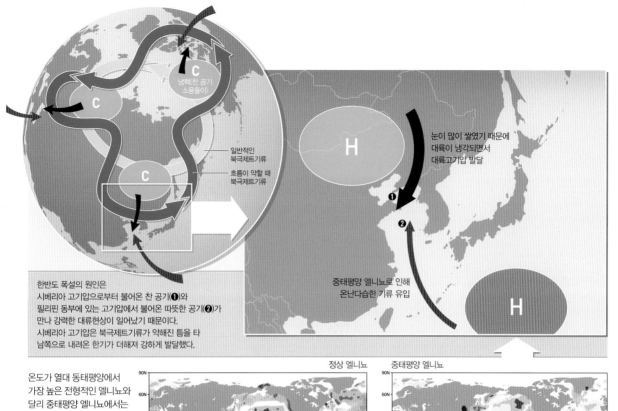

일반적인
북극제트기류

흐름이 약할 때
북극제트기류

냉핵(찬 공기
소용돌이)

눈이 많이 쌓였기 때문에
대륙이 냉각되면서
대륙고기압 발달

중태평양 엘니뇨로 인해
온난다습한 기류 유입

한반도 폭설의 원인은
시베리아 고기압으로부터 불어온 찬 공기(❶)와
필리핀 동부에 있는 고기압에서 불어온 따뜻한 공기(❷)가
만나 강력한 대류현상이 일어났기 때문이다.
시베리아 고기압은 북극제트기류가 약해진 틈을 타
남쪽으로 내려온 한기가 더해져 강하게 발달했다.

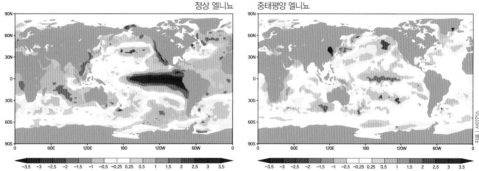

정상 엘니뇨   중태평양 엘니뇨

온도가 열대 동태평양에서
가장 높은 전형적인 엘니뇨와
달리 중태평양 엘니뇨에서는
동태평양보다 중태평양
해역의 온도가 더 높다.
한반도에 유입된 따뜻하고
습한 공기는 중태평양
엘니뇨로 인해 평소보다
서쪽에서 발달한 고기압에서
불어온 것으로 추측된다.

온실의

유리창 역할을 하는 온실가스

지구의 기후시스템은 대기권, 수권, 설빙권, 생물권, 지권 등으로 구성돼 있다. 현재의 기후 상태는 기후시스템 각 영역의 내부 또는 영역 간 복잡한 물리과정이 서로 얽혀 유지된다. 기후시스템을 움직이는 에너지의 대부분(99.98%)은 태양에서 공급되는데, 이산화탄소 같은 온실가스는 태양으로부터 지구에 들어오는 단파장의 태양 복사에너지는 통과시키는 반면, 지구로부터 나가려는 장파장의 복사에너지는 흡수해 지표면을 보온하는 역할을 한다. 이산화탄소가 마치 온실의 유리창과 같은 역할을 하는 것이다.

예를 들어 태양이 지구에 빛에너지를 보내는데, 장파장은 지구 밖에서 흡수되어 없어지고, 강한 단파장은 지구에 도달해 지표면을 가열한다. 단파장이 온실의 유리창을 뚫고 들어갔다가 바닥에 부딪치면서 장파장으로 바뀌는데, 이 파장이 다시 유리창을 뚫고 나갈 수 없어 온실에 갇히게 되고 에너지로 변화하는 것이다. 결국 이산화탄소의 양이 늘어날수록 온실의

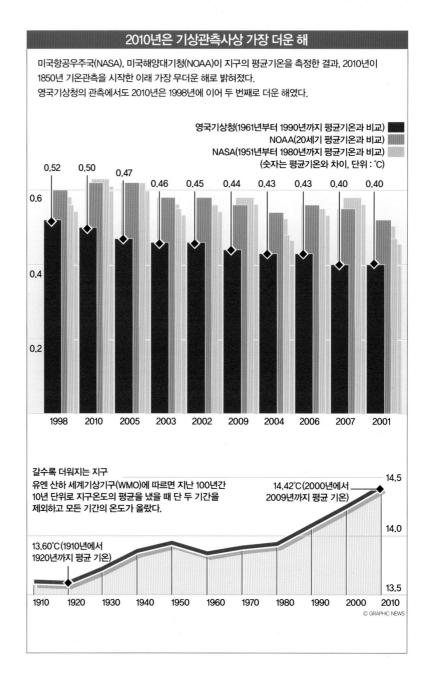

유리창이 두꺼워져서 지구가 더욱 따뜻해지는 온실효과가 커지게 된다.

이렇게 지구를 데우는 요인 중 가장 비중이 큰 것은 바로 산업화와 교통수단 등 인간의 활동에 의해 사용되는 화석연료다. 화석연료인 석탄과 석유는 현재 지구상에서 사용되는 에너지의 90% 이상을 차지하고 있다. 공장이나 가정에서의 화석연료 연소, 생물 연소 등은 대기 구성성분에 영향을 주는 온실가스와 에어로솔을 생산해 온실가스를 증가시키고, 대기 중 에어로솔에 의해 태양 복사에너지 반사와 구름의 광학적 성질변화를 일으키고 있는 것이다.

미국 캘리포니아 샌디에이고대학교 내 스크립스 해양연구소의 찰스 킬링 교수는 1950년대부터 하와이 섬에서 이산화탄소 농도를 측정한 결과 대기 중의 이산화탄소가 지속적으로 증가한다는 사실을 알게 됐다. 킬링 교수는 이를 토대로 킬링곡선(Keeling curve)을 만들었고, 이를 통해 '화석연료를 태우는 양이 증가함에 따라 대기 중에 이산화탄소량이 증가해 온난화가 가속된다'는 가설을 세웠다.

이를 증명이라도 하듯 산업화 이후 이산화탄소, 메탄, 질소산화물 등 기후와 관련된 온실가스의 농도는 산업화 이전에 비해 엄청나게 증가하고 있다. 우리가 편리하게 문명의 혜택을 누리고 있는 지금 이 순간에도 대표적인 온실가스인 이산화탄소가 지속적으로 배출되는 것이다.

게다가 이산화탄소의 수명은 평균 100년이기 때문에 처음 배출된 장소에 상관없이 전 지구에 흩어져 악영향을 미친다. 지금 당장 온실가스의 양을 줄인다고 해도 대기 중 이산화탄소가 예전처럼 정상화되는 데에는 100년에서 300년이라는 긴 시간이 걸린다. 이를 '기후변화의 관성'이라고 부른다. 기후가 관성을 지닌다는 것은 이산화탄소 농도가 안정화된 이후에도 기후는 오랫동안 변화를 지속한다는 말이다.

이산화탄소 배출량이 감축되고 대기 중 이산화탄소 농도가 안정화된 이후에도, 지구의 표면온도는 1세기 이상에 걸쳐 10분의 몇 ℃ 가량 상승하며, 해수면은 수세기에 걸쳐 수십 센티미터 가량 상승한다는 과학자들의 연구결과가 이를 증명한다. 이제 기후변화와 관련한 과학자들의 연구결과를 살펴보자.

인간은 전 지구적
기온상승의 주범인가

국제연합(UN) 산하의 '기후변화에 관한 정부간 협의체(IPCC)'는 2007년 발간된 4차 보고서를 통해 "현재 관찰 가능한 기후변화에서 중요한 것은 인간 행동의 결과이며, 본질적으로 산업화 이후 배출된 온실가스 때문일 가능성이 매우 높다"고 밝혔다. IPCC는 세계기상기구(WMO)와 국제연합환경계획(UNEP)이 1988년 설립한 조직으로 기후변화에 관한 한 세계 최고의 전문가 집단이다. 이 조직의 임무는 지구 기후변화와 지구온난화 문제를 과학적으로 증명하고 국제 정책결정자들에게 권고하는 것이다. 기상학자, 해양학자, 빙하전문가, 경제학자 등 3000여 명의 과학자들이 기후변화 평가보고서 작성에 참여하고 있으며, 기후변화와 관련한 적극적인 활동에 대한 공로로 2007년 노벨평화상을 수상한 바 있다.

2011년 1월 18일, 전남 여수시의 한 양식장에서 한파에 얼어 죽은 참돔과 감성돔을 주민과 공무원들이 허탈한 표정으로 바라보고 있다.

IPCC는 1990년 1차 보고서를 발표한 이래 수년 마다 한 번씩 기후변화 보고서를 발표하고 있는데, 이 평가보고서는 과학자, 전문가, 정책결정자들 사이에서 기후변화와 관련한 전문적인 참고자료로 자주 이용되고 있다. IPCC가 처음부터 인간의 활동에 의한 기후변화 문제를 지적했던 것은 아니다. IPCC는 1990년 발표한 1차 보고서를 통해 "지구온난화가 대부분 자연적인 원인으로 발생할 수 있으며, 향후 10년 이상은 온실효과가 증가하고 있다는 명백한 증거를 발견하지 못할 것"이라고 주장한 바 있다.

하지만 2차와 3차 보고서에서는 완전히 다른 관점의 결론을 내리고 있다. 1996년 2차 보고서에서는 "인간 활동에 의한 기후변화를 판별할 수 있는 암시적 증거들이 나타났다"면서 인간에 의한 온실효과를 인정하기 시작했고, 2001년 3차 보고서에서는 "지난 50년간 대부분의 지구온난화가 인간 활동에 의한 것임을 보여주는 새롭고 강력한 증거들이 있다"고 결론 내렸다. 2007년 4차 보고서에서는 이보다 한발 더 나아가 "전 지구적 기온 상승의 주범이 인간"이라고 역설하고 있다.

따라서 기후변화는 단순히 기후가 달라지는 문제가 아닌, 인류의 삶과 생태계에 커다란 변화를 일으키는 문제로 확대되고 있다. 과연 기후변화는 지구에 어떤 영향을 일으키고 있는 것일까.

기후변화, 최소 1000년 동안

지속될 전망　　　　　　"기후변화 추세는 앞으로 최소 1000년 동안 지속될 것이며, 서기 3000년께는 남극대륙 서부 빙상이 완전히 붕괴해 지구 해수면이 최소 4m 상승할 전망이다."

영국의 저명한 과학저널 《네이처 지오사이언스》 2011년 1월호에 발표된 기후변화 관련 최신 연구 결과다. 캐나다 빅토리아대학교와 캘거리대학교 연구팀은 1000년 앞을 예측한 기후모델 시뮬레이션을 통해 '인류가 화석연료 사용을 중단하고 더 이상 이산화탄소를 배출하지 않으면 어떤 일이 일어날까', '현재 진행 중인 기후변화 추세가 역전되는 데 얼마나 시간이 걸릴까' 등 다양한 시나리오를 만들어 적용했다. 그 결과 연구팀은 "기후변화 추세는 앞으로 1000년 동안 중단되거나 역전되지 않으며, 북아프리카는 육지의 건조현상이 30%나 심해져 사막화를 겪게 될 것이고, 남극대륙 주변 바다는 수온이 최고 5℃나 올라 광대한 남극대륙 서부지역 빙상이 붕괴하

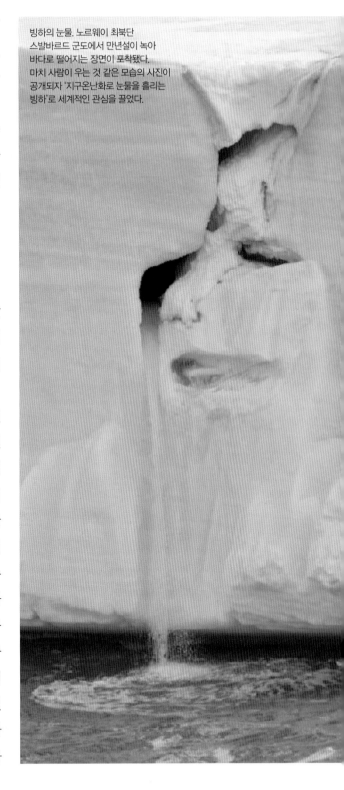

빙하의 눈물. 노르웨이 최북단 스발바르드 군도에서 만년설이 녹아 바다로 떨어지는 장면이 포착됐다. 마치 사람이 우는 것 같은 모습의 사진이 공개되자 '지구온난화로 눈물을 흘리는 빙하'로 세계적인 관심을 끌었다.

게 될 것"으로 전망했다. 연구팀은 남극대륙 서부 빙상이 불안정해져 물속으로 완전히 녹아 들어가는 속도를 계산하기 위해 대기권 온도가 대양 온도에 미치는 영향을 좀 더 깊이 연구할 계획이라고 밝혔다.

2007년 발표된 IPCC의 가상 시나리오에 따르면 최악의 경우 2100년 즈음에는 지구의 평균온도가 대략 6.4℃ 오르고, 해수면은 59㎝ 상승한다. IPCC는 "가장 낙관적인 시나리오조차도 기온이 1.8℃ 오를 것으로 예측된다"면서, 온실가스 배출량이 큰 폭으로 줄어든다고 해도 기후의 관성으로 인해 온난화의 진행을 막을 수 없다고 설명했다.

또한 IPCC가 2006년 발표한 지구환경전망보고서에 따르면 기후변화로 인해 양서류의 30% 이상, 포유류의 23% 이상, 조류의 12% 이상이 멸종 위기에 처해 있다. 좀 더 현실적으로 접근해보면 기후변화는 집중호우로 인한 침수피해, 산사태 증가, 태풍으로 인한 재산 피해뿐만 아니라 생물이 서식하는 환경에도 영향을 미쳐 고산식물의 터전 변화와 철새 번식지 변화, 아열대 해파리 증가 등 동식물의 이동, 해양생태계 먹이사슬에도 큰 변화를 가져올 전망이다.

예를 들어 북반구 식물의 생장기간이 더 길어지고, 열대지방에서나 볼 수 있었던 바다 생물이 점점 북쪽으로 올라오고 있으며, 철새들은 예전보다 늦게 따뜻한 곳으로 이동했다가 일찍 돌아오는 사례가 늘어나고 있다.

작은 섬으로 구성됐거나, 육지의 높이가 낮은 나라들은 사태가 더 심각하다. 실제로 나라 전체가 수장될 위기에 처한 남태평양의 작은 섬나라 투발루나 인도양의 섬나라 몰디브 사람들은 해수면 상승 때문에 인근 다른 나라로 이민을 가거나, 다른 나라로부터 받은 돈으로 둑을 쌓고 있다.

2006년 발표된 영국 정부의 '기후변화의 경제학' 보고서에 따르면 지구의 온도가 1℃ 오를 경우, 안데스 산맥 빙하가 녹으면서 이를 식수로 사용하고 있던 약 5000만 명이 물 부족의 고통을, 매년 30만 명이 기후 관련 질병으로 사망한다. 지구의 온도가 3℃ 오를 경우 아마존 열대우림이 붕괴되고, 최대 50%의 생물이 멸종 위기에 처하게 되며, 4℃가 오르면 이탈리아, 스페인, 그리스, 터키가 사막으로 변하고 북극 툰드라의 얼음이 사라져서 추운 지방에 살던 생물들이 멸종한다. 5℃ 오를 경우 히말라야의 빙하가 사라지

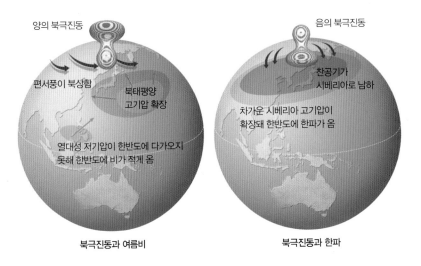

양의 북극진동

편서풍이 북상함

북태평양
고기압 확장

열대성 저기압이 한반도에 다가오지
못해 한반도에 비가 적게 옴

북극진동과 여름비

음의 북극진동

찬공기가
시베리아로 남하

차가운 시베리아 고기압이
확장돼 한반도에 한파가 옴

북극진동과 한파

**북극진동과
여름비 및 한파의 관계**
여름에 북극진동이 양의 값이
되면 한반도에 비가 적게
온다. 겨울에 북극진동이 음의
값이 되면 한반도에 한파가
몰아친다.

고, 바다 산성화로 해양 생태계가 손상되며, 뉴욕과 런던이 바다에 잠겨 사라지게 된다. 저널리스트이자 환경운동가인 마크 라이너스는 저서 《6도의 악몽》에서 평균기온이 6℃ 오를 경우 현재 생물종의 90%가 멸종한다고 예측했다.

IPCC는 2007년 4차 보고서를 통해 물 부족 등 기후변화와 관련된 고통을 가장 심하게 겪을 것으로 예상되는 지역으로 아프리카를 꼽았다. IPCC는 2020년경 7500만~2억 5000만 명의 아프리카 사람들이 물 부족으로 인한 스트레스를 받을 것이라고 전망했다.

지구온난화를 막기 위한
과학적인 **해결 방안들**   그렇다면 기후변화를 막기 위해 대기 중의 이산화탄소를 줄일 수 있는 새롭고 획기적인 과학기술은 과연 존재할까.

먼저 가장 주목받고 있는 부분이 재생에너지 개발이다. 선진국에서는 이산화탄소 발생 주범인 화석에너지를 대신하기 위해 태양광, 풍력, 지열, 생물유기체 등 재생에너지 관련 기술 개발을 활발하게 진행하고 있으며, 현재 실용화단계에 접어들었다. 실제로 태양에너지와 풍력에너지는 활발하게 사용되고 있다.

영화 '투모로우'처럼 지구에 빙하기가 찾아올까. 멕시코만류가 멈추면 적도의 열이 고위도로 전해지지 못하므로 빙하기에 버금가는 강한 추위가 찾아올 수 있다.

다음으로 석탄발전소 등 공장굴뚝에서 발생하는 이산화탄소를 분리해 해저에 매장하는 기술연구가 진행 중이다. 이 기술은 노르웨이, 호주 등에서 2006년 이후 실제로 사용되고 있다. 하지만 많은 비용이 소요되고 해저 생태계를 파괴할 수 있는 우려 때문에 적극 활용되지는 못할 전망이다.

철을 바다에 뿌려 식물성 플랑크톤을 번식시킴으로써 이산화탄소를 흡수하는 기술도 있다. 실제로 2009년 독일, 프랑스 등의 과학자들이 모여 남극해에 철가루를 뿌리는 '로하펙스 프로젝트'가 진행된 바 있다. 연구팀은 300㎢의 바다에 철가루 6톤을 뿌린 결과, 해조류 등 식물성 플랑크톤이 폭발적으로 성장하고 바다 표면 위 공기층의 이산화탄소 농도가 줄어드는 놀라운 결과를 얻었다고 밝혔다. 하지만 이 기술 역시 생태계 무해성이 입증되지 않은 상태다.

이밖에 지구궤도 위에 거대한 태양열 반사판을 띄워 태양열을 막는다는 '우주거울 프로젝트' 등 다양하고 새로운 방법들이 연구되고 있다. 이산화탄소를 줄이기 위한 과학자들의 갖가지 연구 과제들은 엄청난 비용과 생태계 파괴 등 새롭게 야기될 수 있는 다양한 문제점이 존재하기 때문에 아직까지는 보편화되지 못하고 있는 실정이다.

기후변화를 막기 위해서는 이산화탄소를 줄일 수 있는 과학기술을 개발하는 것도 필요하겠지만, 근본적으로 온실가스 사용을 줄이는 것이 매우 중요하다. 또한 이러한 노력은 몇몇 과학자 또는 몇몇 나라가 나서서 해결할 수 있는 문제가 아닌, 국제적인 협력이 필요한 문제다. 기후변화 문제를 해결하기 위한 국제적인 대응 방안은 언제, 어디서, 어떤 방법으로 추진되고 있는 것일까.

기후변화에 대한
국제사회의 **대응** 지구온난화 방지와 기후변화 완화를 위한 국제사회의 대응 동향의 역사는 1988년으로 거슬러 올라간다. 1988년 IPCC가 설립된 이후 국제사회는 지구온난화의 원인인 온실가스를 줄이기 위해 1992년 리우 유엔환경개발회의에서 기후변화에 관한 국제기본협약을 채택했다. 우리나라는 1993년 12월 세계 47번째로 가입했다. 기후변화 협약의 기본원칙은 지구온난화방지를 위해 모든 당사국이 참여하되, 온실가스 배출의 역사적 책임이 있는 선진국은 차별화된 책임을 가진다는 것이었다. 또한 모든 당사국은 지구온난화 방지를 위한 정책 및 국가 온실가스 배출통계가 수록된 국가보고서를 UN에 제출해야 한다.

온실가스 감축 목표설정 등 좀 더 구체화된 내용은 1995년 제1차 당사국총회(COP1)에서 논의됐고, 이어 1997년 일본 교토에서 개최된 제3차 당사국총회(COP3)에서 선진국에 대한 법적 구속력이 있는 온실가스 감축 의무를 부여하는 교토의정서가 체결됐다. 교토의정서는 과거 산업혁명을 통해 온실가스 배출의 역사적 책임이 있는 선진국(38개국)을 대상으로 제1차 공약 기간(2008~2012) 동안 1990년도 배출량 대비 평균 5.2% 감축을 규정하는 구체적인 의무사항을 명시하고 있다. 교토의정서는 선진국에 대한 의무감축 목표설정을 비롯해 이에 대한 이행수단으로 공동이행제도, 청정개발체제, 배출권거래제 등 3가지 시장 기반 메커니즘을 도입했다. 온실가스를 목표치만큼 줄이지 못할 경우 탄소배출권(이산화탄소를 배출할 수 있는 권리)을 사야 한다.

이후 2001년 모로코에서 열린 제7차 당사국총회(COP7)부터 2010년 멕시코 칸쿤에서 열린 제16차 당사국총회(COP16)까지 협의를 거치며 교토의정서는 좀 더 구체화됐지만 선진국과 개발도상국이 온실가스 감축목표 설정, 배출량 감축 규모 및 의무화 여부, 재정지원 규모와 방식 등 핵심 이슈를 둘러싸고 구체적인 협상안 타결은 실패로 돌아갔다. 선진국은 미래에 대한 책임론을, 개발도상국은 과거에 대한 역사적 책임론을 거론하며 서로의 입장을 고수하고 있는 것이다.

이제 2011년 남아프리카공화국에서 열릴 제17차 당사국총회(COP17)가 기후변화협상 타결을 위한 마지막 보루로 남게 됐다. 국제사회는 2012년 전에 협상을 완료하겠다는 시나리오를 세우고 있지만, COP17의 전망 역시 암울한 상황이다.

인류 번영을 위한
또 하나의 도전

기후변화 문제를 해결하기 위해서는 우리가 일상생활에서 지구온난화를 방지하기 위한 행동에 스스로 나서야 한다. 정부는 이산화탄소를 줄이는 생활의 지혜를 소개하고, 행동대책을 적극

2011년 1월 계속되는 한파로 생긴 유빙(流氷.얼음 덩어리)이 인천 영종도와 강화도 주변 바다를 뒤덮으면서 여객선 운항이 중단됐다. 사진은 인천 남동구 논현동 소래포구에 정박된 어선들이 유빙에 갇혀 있는 모습.

권장하고 있다. 첫째, 환경친화적 상품으로 소비양식을 전환하는 것이 절실하다. 동일한 기능을 가진 상품이라면 에너지 효율이 높거나 폐기물 발생이 적은 상품을 선택해야 한다. 둘째, 가정과 사회에서 에너지와 자원 절약을 적극적으로 실천하는 자세가 필요하다. 실천 사례로는 냉난방 에너지 및 전력 절약, 수돗물 절약, 차량 공회전 자제, 대중교통 이용, 카풀 활용, 차량 10부제 동참 등 다양하다. 셋째, 폐기물 분리수거와 재활용에 적극 참여해야 한다. 특히 온실가스 중 하나인 메탄은 주로 폐기물 매립 처리과정에서 발생하기 때문에 재활용이 촉진되면 폐기물이 줄어들어 메탄 발생량이 감소하게 된다. 폐지 재활용 역시 산림자원 훼손을 막을 수 있어 온실가스 감축에 기여한다. 넷째, 이산화탄소의 흡수원인 나무 심고 가꾸기도 중요한 실천 방법이다. 예를 들어 북유럽 등 산림이 풍부한 국가는 이산화탄소 흡수량이 많아 온실가스 감축에 큰 부담을 느끼지 않는다.

과학기술을 이용해 인위적으로 기후를 변화시키는 일은 가능할 것으로 보인다. 하지만 복잡한 기상과 기후의 물리적 현상을 볼 때 그 변화의 정도를 정확하게 예측할 수 없기에 커다란 위험을 안고서 인위적인 기후변화 기술을 실행하기는 쉽지 않다. 또한 근원적인 해결책인 이산화탄소의 감축은 경제적 손실을 수반하기 때문에 국제적인 협상을 원활하게 이끌어내는 일도 쉽지 않을 것이다.

하지만 인류는 위기 속에서 발전과 번영을 이끌어 왔다. '기후변화'라는 또 하나의 위기에 직면한 지금, 과연 인류는 과학적으로 또는 정치적으로 합심해 가장 이상적인 해결책을 찾아낼 수 있을까. 우리는 지금 인간과 자연의 조화로운, 그리고 지속가능한 발전을 위한 중대한 도전 앞에 서 있다.

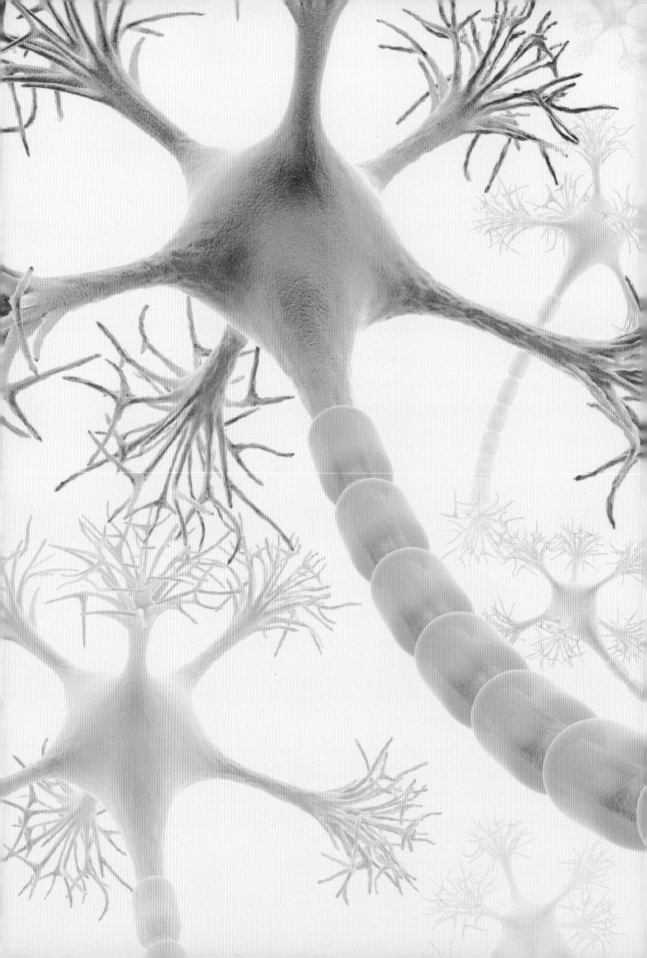

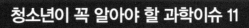

issue 06 뇌과학

과학과 경제의 만남

김상연

1995년 포항공대 생명과학과를 졸업한 뒤 《서울경제신문》에서 기자생활을 시작했다. 사회부, 산업부, 정보과학부, 정경부 등을 거쳤으며 주로 과학과 인터넷 분야를 신나게 취재하며 글을 썼다. 2001년 동아사이언스로 옮긴 뒤 《동아일보》와 《과학동아》, 《어린이과학동아》 기자로 일했다. 《더사이언스》 편집장을 거쳐 현재는 국내 최고의 과학잡지 《과학동아》의 편집장을 맡고 있다. 《우리 옆집 과학자》(물푸레, 1999), 《상대성이론 그후 100년》(궁리, 2005), 《줄기세포》(동아사이언스, 2006) 등을 함께 썼다.

과학과 경제의 만남

　기아자동차가 새로 개발한 자동차 이름을 지을 때였다. 그 회사는 일반적인 설문조사 대신 소비자들의 뇌에 어떤 이름이 좋은지 직접 물어보기로 결정했다.

　작업에 참여한 뇌과학자인 정재승 KAIST 교수 연구팀은 소비자 200여 명에게 여러 개의 후보 이름을 들려줬다. 연구팀은 이때 단어 연상, 눈동자 추적, 기능성자기공명영상장치(fMRI) 등 다양한 방식으로 소비자의 뇌 반응을 조사했다. 조사 결과 K7이라는 말이 가장 좋은 반응을 얻었고 회사는 이 이름을 선택했다. 결국 이 브랜드는 자동차 시장에서 큰 성공을 거뒀고 정 교수팀이 사용한 뉴로마케팅 기법도 널리 알려지게 됐다.

　뇌의 반응을 조사해 마케팅에 이용하는 뉴로마케팅은 이미 여러 분야에서 활발하게 이용되고 있다. 한 예로 인터넷쇼핑몰인 오픈마켓 11번가가 KAIST 정보미디어연구센터와 함께 연구한 결과를 살펴보자(이 결과는 동아일보 2010년 10월 8일자에 실렸다).

　연구팀이 온라인몰을 이용하는 남녀 소비자의 쇼핑 행태를 분석한 결과 남성은 가격에, 여성은 상품 이미지에 집중한다고 나왔다. 남성 소비자는 상품 카테고리나 검색 메뉴를 통해 원하는 상품을 바로 찾아가는 반면 여성 소비자는 사이트 전반을 두루 살핀다는 것이다. 연구진은 온라인 쇼핑 경험자 100명이 실제로 쇼핑몰을 이용할 때 어떻게 시선이 달라지는지 추적했다. 이 장치로 눈동자의 미세한 움직임을 포착해 화면 속의 어디를 보고 있는지, 동공이 얼마나 확장됐는지, 눈길이 얼마나 흔들리는지 분석했다.

이번 연구에서는 인터넷 쇼핑에서도 성별 차이가 뚜렷하게 드러난다는 점이 가장 눈길을 끌었다. 남성은 여성에 비해 시선이 목적 지향적이었다. 남성은 이미지가 많이 배치된 사이트의 상단 부분보다는 상품정보에 더 치중한 하단의 '프리미엄 상품'을 빠르게 살펴봤다. 반면 여성은 사이트 상단의 '추천 상품', '베스트셀러', '파워 상품'을 고루 훑어봤으며, 광고에 시선을 집중하는 경우가 남성보다 29% 정도 더 많았다.

광고를 살펴볼 때는 상단 광고에 시선이 머무르는 시간이 13초로 가장 길었으며 중앙 광고가 12초로 그 뒤를 이었다. 또 일반 배너 광고보다는 동영상 광고에 시선이 훨씬 더 끌렸다. 이 쇼핑몰은 2012년까지 3년간 뉴로마케팅을 이용한 소비자 분석 결과를 사이트 개편 및 마케팅, 서비스 모델 개발에 적용할 계획이라고 한다.

기아자동차의 K7. 이름을 지을 때 뉴로마케팅 기법을 사용한 대표적인 사례라 할 수 있다.

뉴로마케팅이
뜨는 이유

왜 뉴로마케팅이 뜨고 있을까. 뇌는 거짓말을 하지 않는데다 더 확실하고 지금까지 말로 하지 않았던 정보를 제공하기 때문이다. 뇌와 대화할 수 있는 첨단 장치들이 많이 개발된 것도 큰 도움이 됐다. 즉 뇌과학이 발전하면서 사람의 속내에 대해 훨씬 잘 알 수 있게 됐고, 왜 사람이 그런 행동을 하는지 앞으로 어떤 행동을 하게 될지 예측할 수 있게 된 것이다. 뉴로마케팅을 포함해 뇌과학과 경제학이 만난 분야를 신경경제학이라고 한다.

뇌과학과 경제학이 만난 사례를 하나 더 살펴보자. '복수'를 연구할 때 흔히 하는 심리 실험이 있다. 먼저 사회자가 철수와 영희에게 10만원씩 나눠준다. 각자 그 돈을 자신이 갖기로 결정하면 철수와 영희는 10만원만 챙길 수 있다. 만일 철수가 자신의 돈 10만원을 영희에게 주면 영희는 보너스까지 포함해 50만원을 받게 된다. 고민은 이때부터다. 영희는 50만원을 모두 갖든지 절반인 25만원을 철수에게 나눠주든지 해야 한다. 만일 영희가 모든 돈을 챙기면 철수는 배신을 당하게 된다. 배신을 당한 철수는 복수를 할 수 있다. 철수가 자신이 원래 가지고 있는 돈 10만원을 사회자에게 주면 영희는 그 2배인 20만원을 사회자에게 주어야 한다. 즉, 빼앗기게 된다. 철

인간의 뇌는 수많은 신경세포가 복잡한 연결망을 이룸으로써 고도의 인지능력을 발휘한다. 여러 뇌 신경세포끼리 연결돼 특정 과제를 수행하고 있는 장면을 상상한 이미지.

수가 25만원을 내면 영희는 모든 돈을 **빼앗기게 된다**(철수는 얻는 게 없이 25만원을 손해 본다). 이 실험에서 사람들은 상당수가 자신의 돈을 들여 배신자를 응징한다고 한다.

미국 듀크대학교 교수인 댄 에리얼리가 쓴 《경제심리학》을 보면 스위스 과학자들이 이 실험을 뇌 활동으로 분석한 연구가 나온다. 연구진은 실험에 참여한 과학자들의 뇌를 양전자방출단층촬영기(PET)로 찍었다. 이 장치는 두뇌 활동을 관찰할 수 있다. 그 결과 배신자를 응징하는 사람들의 뇌에서 '선조체'라는 부위의 활동이 두드러지게 증가한 것을 관찰했다. 이 부위는 어떤 일을 통해 보상받는다는 느낌을 가질 때 특히 활성화되는 곳이다. 복수를 세게 할수록 선조체도 크게 활성화됐다. 에리얼리는 그의 책에서 "(사람은) 누군가에게 복수할 때 기쁨을 얻는다"며 "생물학적 증거로도 뒷받침된다"고 설명했다.

엄청난 속도로 발전하고 있는 뇌과학과 신경경제학은 행동경제학과 맞물려 인간을 이해하는 새로운 길을 열어주고 있다. 생물학과 심리학, 경제학 등 인문학과 과학이 융합해 새로운 분야가 탄생한 것이다.

뇌과학과 적극적으로 짝짓기에 나선 행동경제학을 잠깐 살펴보자. 몇 년 전 '마시멜로 이야기'라는 책이 베스트셀러가 되었다. 책에 담긴 이야기는 단순하다. 유치원에 있는 어린이들에게 맛있는 마시멜로를 주면서 1시간 뒤에 다시 올 텐데 그 때까지 먹지 않고 기다리면 마시멜로를 하나 더 주겠다는 것이다.

이 실험을 간단하게 표현하면 이렇다.

1) 지금 바로 마시멜로 1개 받기
2) 1시간 뒤에 마시멜로 2개 받기

어떤 어린이는 기다렸고, 어떤 어린이는 바로 마시멜로를 먹어 치웠다. 세월이 흘러 어린이들이 어떻게 자랐나 봤더니 극적으로 나뉘었다고 한다. 1시간을 기다려 마시멜로 하나를 더 받은 어린이들이 더 크게 성공했다는 것이다.

이 이야기를 꺼낸 건 인내심을 가져야 성공한다고 말하려는 게 아니다. 만일 그 어린이들에게 질문을 바꿨다면 선택은 어떻게 달라졌을까.

1) 100시간 뒤에 마시멜로 1개 받기
2) 101시간 뒤에 마시멜로 2개 받기

많은 사람들이 좀 더 기다려서 2개를 받겠다는 어린이들이 늘었을 거라고 생각할 것이다(100시간을 기다렸는데 겨우 한 시간 더 못 기다린단 말인가). 정확하게 말한다면 첫 번째 실험에서는 바로 먹겠다는 어린이 중에 두 번째 실험에서는 101시간을 기다리겠다는 아이들이 생겨났을 것이다(물론 진짜 마시멜로를 눈앞에 두고 100시간을 기다리라고 했다면 이야기가 달라졌겠지만 그런 비판은 이 실험의 본질이 아니니 잠시 밀어두자). 첫 번째와 두 번째 실험 모두 1시간을 더 기다리면 마시멜로를 하나 더 받는 건데 왜 선택이 달라질까.

두 실험은 다르다고 생각하는 사람들을 위해 비슷한 상황을 하나 더 생각해 보자. 댄 에리얼리가 쓴 또 다른 책인 《상식 밖의 경제학》에 나오는 사례다. '2000원짜리 펜을 하나 사야 한다. 가까운 가게와 5분 더 가야 하는 가게가 있다. 5분 더 걸어가면 같은 펜을 1000원에 살 수 있다. 어느 가게에 갈까? 나라면 바쁜 일이 없다면 5분 더 걸어가서 1000원을 아낄 것이다.

이번에는 50만 원짜리 휴대전화를 사러 가는 길이다. 5분 더 먼 가게에 가면 49만 9000원에 같은 휴대전화를 살 수 있다. 앞서 5분 걸어갔던 많은 사람들이 가까운 가게에서 휴대전화를 샀을 것이다. 도대체 무슨 일이 벌어진 걸까. 똑같은 1000원 아닌가(최근에 친구가 "세상에서 가장 먼 거리는 소파에서 현관까지"라고 말하는 걸 들었다. 마찬가지 이야기다. 똑같은 몇 미터인데).

합리적인 시장?
비합리적인 인간!　　　　　경제학에서는 사람을 아주 작은 이익이나 손해에도 민감하게 반응하는 '합리적인 동물'이라고 가정한다. 그런데

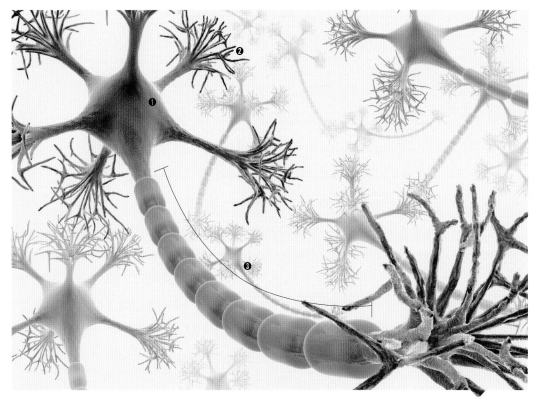

왜 이처럼 '비합리적으로' 행동할까. 이것이 요즘 경제학자들이 가장 고민하는 문제고 이것을 풀려는 노력이 '행동경제학'이다.

'합리적 인간과 합리적 시장'의 전통 경제학을 뒤흔들고 있는 행동경제학은 이미 상당한 인정을 받고 있다. 2002년 노벨경제학상을 받은 대니얼 카너먼 프린스턴대학교 교수가 대표적이다. 놀랍게도 그는 경제학자가 아니라 사람들의 마음을 연구하는 심리학자였다. 경제학자인 피트 런은 《경제학이 숨겨온 6가지 거짓말》이라는 책에서 카너먼 교수가 1970년대부터 사람들의 본성에 대해 전통 경제학이 택한 전제들(인간은 합리적이다 같은 가정)에 대해 흥미를 느꼈다고 한다. 카너먼 교수가 2003년 한 잡지에 기고한 글에서 밝힌 것처럼 "그런 전제에 깜짝 놀랐다. 직업상 그런 말은 한마디도 믿지 않도록 교육받았기 때문"이었다. 그는 사람들의 실제 행동 방식을 관찰했고 그와 비슷한 생각을 가졌던 학자들의 연구는 행동경제학으로 세상에 모습을 드러냈다.

카너먼 교수에게 노벨경제학상을 안겨준 유명한 실험 하나를 살펴보자.

뉴런은 크게 신경세포체(❶)와 거기서 뻗은 수상돌기(❷), 그리고 긴 축색돌기(❸)로 이뤄져 있다. 뉴런은 수상돌기를 이용해 신호를 받고, 축색돌기를 이용해 그 신호를 다음 뉴런에 전할 수 있다.

이 실험은 미국의 유명한 행동경제학자인 리처드 탈러 시카고대학교 교수(베스트셀러 《넛지》의 저자)와 함께 한 실험이다. 실험을 간단하게 요약하면 이렇다.

1) 어떤 머그컵을 당신에게 팔겠다고 한다. 얼마면 당신은 사겠는가.
2) 이번에는 당신은 이미 똑같은 머그컵을 갖고 있다. 누군가 당신에게 머그컵을 팔라고 한다. 당신은 얼마면 팔겠는가.

핵심은 두 가격이 같지 않다는 것이다. 당신이 머그컵을 갖고 있다면 그걸 팔려는 값은 사려는 값보다 훨씬 비싸기 마련이다. 즉 자기가 갖고 있는 물건은 훨씬 더 가치있게 생각하는 것이다. 이것을 '보유 효과'라고 하는데 현실에서 가장 쉽게 볼 수 있는 장소는 바로 부동산 사무실이다. 부동산 사무실에서 바로 아파트를 산 사람에게 그 아파트를 팔라고 하면 얼마에 팔려고 할까(세금, 수수료는 없다고 생각하자). 상식적으로 조금만 비싸게 팔아도 이익이지만 대부분은 꽤 많은 돈을 붙여 말할 것이다. 이미 자신의 소유라고 생각한 이상 그 가치는 객관적인 것보다 훨씬 높이 올라간다.

행동경제학이 보여주는 인간은 이성이 아니라 감정에 휘둘리는 바보에 가깝다. 베스트셀러인 《넛지》에 나오는 의사 이야기도 행동경제학을 설명할 때 잘 나오는 사례다. 여러분이 큰 병에 걸려서 병원에 찾아갔다. 의사는 "이 병을 고칠 방법은 수술뿐이다. 100명이 수술을 받는데 10명은 5년 안에 죽는다"고 말한다. 당신은 수술 받을 마음이 드는가? 많은 독자들이 병원을 나와 절망할 것이다. 그러나 의사가 "100명이 수술을 받는데 90명은 5년 뒤에도 살아 있다"고 말한다면 어떨까. 자신의 병이 별 거 아닌 것처럼 느껴지지 않는가? 두 말은 정확히 같은 정보를 담고 있다. 그러나 어떤 틀로 보느냐에 따라 다르게 느껴지고 판단마저 달라진다.

익숙한 사례를 더 들어보자. 독자 여러분이 동전던지기 게임을 하고 있다. 앞면이 나오면 1만원을 받고 뒷면이 나오면 자리에서 일어나 집에 가면 된다. 여러분은 이 게임에 참가하겠는가? 안하는 사람이 바보일 것이다. 공짜라면 양잿물도 마신다는데 손해는 전혀 없고 운 좋으면 1만원이 생기는 기회 아닌가.

두 번째 질문. 앞면이 나오면 2만원을 받고 뒷면이 나오면 1만원을 내야 한다. 이번에는 어떤가? 보지도 않고 게임장을 떠나는 사람도 있고, 일단 고민해봐야겠다는 사람은 훨씬 많을 것이다. 수학적으로 접근해 보자. 첫 번째 게임의 기댓값은 5000원이다(1만원 × 0.5 - 0원 × 0.5). 두 번째 게임의 기댓값은 '놀랍게도' 5000원이다(2만원 × 0.5 - 1만원 × 0.5). 첫 번째 게임에 참가한 사람이라면 두 번째 게임에는 당연히 참가해야 합리적이다. 기댓값이 똑같지 않은가.

그러나 첫 번째 게임에 참가한 사람들 중 상당수는 두 번째 게임을 포기할 것이다. 5000원의 이익과 5000원의 손실은 결코 같지 않다(같게 느껴지지 않는다). 5000원의 손해가 훨씬 뼈아프다. 비록 이 게임의 기댓값이 플러스 5000원이고, 하면 할수록 돈을 버는 게임인데도 손해의 두려움이 당신을 잡아끈다. 행동경제학은 이처럼 인간이 강력한 '손실 회피'성향을 갖고 있다고 말한다. 이 때문에 우리는 주식시장에 꾹 묻어두면 훨씬 큰 이익이 날 걸 알면서도 조금만 이익이 나면 펀드를 환매한다. '혹시 손해 볼지도 몰라'라는 생각이 장기 투자가 낫다는 생각을 압도하는 것이다.

손해인 줄 알면서 주식을 파는 이유는 눈앞의 이익보다는 손해를 더 무서워하는 인간의 비합리성을 보여주는 하나의 사례다.

아이패드 쓰는
파충류

왜 인간이 이처럼 '비합리적으로' 행동할까. 과학자들은 이 해답을 뇌과학과 신경경제학에서 찾는다. 뇌과학자들이 보는 인간은 인터넷과 스마트폰에 최적화된 상태로 진화한 것이 아니다. 오히려 인간은 석기 시대에 맞춰, 수렵채집 생활에 잘 적응된 상태로 진화했다. 인간에게 현재의 문명이기나 복잡한 사회는 종종 재앙으로 나타난다. 다시 말하자면 인간은 컴퓨터를 쓰는 원시인인 셈이다. 좀 더 과장하면 인간은 컴퓨터를 쓰는 파충류라는 시각도 있다.

다시 한 번 말하지만 신경경제학 관점에서 인간에게 가장 맞지 않는 곳이 바로 주식시장이다. 주식시장에서 이익을 보려면 순간의 가격 변동(손해)에 동요하지 않고 장기투자 하는 것이 가장 기본이다. 그러나 석기 시대를 살아가던 인간은 '무언가 두려운 일'에 재빨리 반응하게 진화하였다. 동굴 속에 들어갔다 뭔가 번쩍이는 눈빛을 보고도 겁내지 않고 편안하게 가던 길을 가는 인간이었다면 검치호랑이나 동굴곰에게 모두 잡아먹혔을 것이다. 이처럼 과거에는 생명을 유지하는 데 성공적이었던 반응 방식이 오히려 주식시장에서는 인간에게 손해를 입힌다.

인간의 뇌에는 편도체라는 부위가 있다. 공포에 가장 민감하게 반응하는데 자신에게 위협을 주는 일이 일어나면 앞뒤 볼 것 없이 이렇게 명령한다. "도망쳐!" 정말 위험한지는 일단 도망친 다음에 알아볼 일이다. 이 때문에 인간은 주가가 갑자기 떨어진다 싶으면 공황 공포에 휩싸여 일단 주식을 팔고 본다. 조금만 기다리면 다시 주가는 오르고 주식시장은 평온해진다는 것을 알면서도 뇌는 아랑곳없이 도망치라고 명령한다. 이처럼 인간의 변덕과 공포 때문에 피터 린치라는 유명한 미국의 펀드매니저는 주식투자에서 성공하려면 "좋은 주식을 산 뒤에 수면제를 먹고 10년쯤 푹 자고 일어나면 된다"고 말했다.

제이슨 츠바이크는 《머니 앤드 브레인》이라는 책에서 편도체가 뇌에서 '파충류의 뇌'로 불리는 깊은 곳에 있다고 말했다. 파충류의 뇌는 파충류에만 있다는 뜻이 아니라 파충류와 포유류 심지어 인류까지 같이 갖고 있는 뇌, 그만큼 진화가 덜 된 뇌 부위를 뜻한다. 인간은 평소엔 합리적으

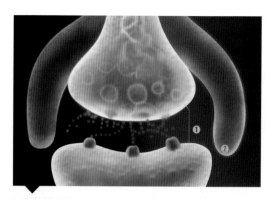

뉴런이 다른 뉴런으로
신경전달물질을 보낼 때
시냅스(❶)라는
연결 부위를 이용한다.
별교세포(❷)는
이 시냅스를 만들고
더 단단하게 붙인다.
또 뉴런의 신호를 강화한다.

로 주식투자를 하다가도 두려운 상황이 닥치면 바로 파충류가 되어서 주식을 내던지는 것이다.

앞서 말했던 손실 회피 성향도 뇌에서 원인을 찾을 수 있을까. 역시 《머니 앤드 브레인》에 나오는 연구다. 사람들에게 돈을 따고 잃게 하는 실험을 하게 한 뒤 그들의 뇌를 기능성자기공명영상장치(fMRI)로 조사해봤다. 실험 결과 돈을 잃으면 뇌의 전두대상피질에 있는 신경세포의 38%가 켜졌다(작동했다). 그러나 같은 액수의 돈을 따면 13%의 신경세포만 켜졌다.

부동산이나 주가가 뛸 때 이성적인 판단과 달리 마음이 급해져서 부동산과 주식을 사는 것도 뇌에서 이유를 엿볼 수 있다. 우리 뇌에는 '거울 뉴런'이 있다. 다른 사람의 행동을 보고 모방하는 신경세포다. 거울 뉴런 덕분에 우리는 한 사람이 얻은 기술을 집단 전체에 전파할 수 있었다. 그러나 뭔가 홀린 듯이 남들 다 한다는 펀드를 무조건 가입하고, 필요가 없는데도 친구의 비싼 옷을 사는 이유는 바로 거울 뉴런 때문이다.

'브랜드 충성도'라는 것이 있다. 아무리 다른 회사의 제품이 좋아도 무조건 그 회사의 제품만 찾는 사람이 있다. 브랜드 충성도가 생기는 이유도 뇌 어딘가에 있지 않을까. 실제로 신경과학자들은 뇌의 전두엽 아래쪽을 주목한다. 이곳을 다친 환자는 아무리 조건이 불리해져도 자신의 선호도를 바꾸지 않는다. 예를 들어 이 환자는 어떤 야구팀이 질 줄 뻔히 알면서도 그 팀에 돈을 거는 행동을 반복했다고 한다. 만일 소비자의 뇌에 있는 이 부위에 영향을 주는 광고를 만들 수만 있다면 그 기업이나 브랜드에 대한 충성도는 크게 올라갈 것이다.

어쩌면 '성공으로 가는 뇌'도 찾아낼지 모른다. 바로 마시멜로를 1시간 더 기다리게 만든 뇌 부위다. 이대열 미국 예일대학교 신경생물학과 교수팀은 원숭이를 대상으로 좀 더 참으면 더 큰 보상이 오는 상황에서 고민하게 하는 실험을 했다. 이때 뇌의 이마 근처에 있는 전(前)전두엽 신경세포들이 활발하게 활동했다. 이곳에 있는 신경세포의 특징이나 관련된 유전자를 찾을 수 있다면 의지력이 약한 사람도 마시멜로 2개를 받게 될지 모른다.

남자 **화장실**

소변기의 파리

신경경제학과 행동경제학을 좋은 방향으로 이용할 수 있을까? 남자 독자 중에 요즘 공공 화장실에서 소변기 아랫부분에 파리 그림이 그려진 모습을 본 적이 있을 것이다. 베스트셀러 《넛지》에 나오는 유명한 사례를 따라한 것이다. 네덜란드 암스테르담 공항의 남자 화장실 소변기에 가짜 파리를 붙여 놨더니 소변이 변기 바깥으로 새는 경우가 80%나 줄어들었다고 한다. 남자들이 소변을 보다 파리를 맞추는 데 집중하느라 자신도 모르게 정확해진 것이다.

이처럼 행동경제학 관점에서 사람들의 심리와 행동을 예측해 좋은 방향으로 이끄는 방식을 리처드 탈러 교수는 '넛지(팔꿈치로 슬쩍 치듯이 타인의 선택을 유도하는 부드러운 개입이라는 뜻)'라고 부르며 사회에 긍정적인 영향을 주기 위해 이용해야 한다고 주장한다. 예를 들어 기업에 들어가면 자동적으로 퇴직연금에 가입하게 해 노후를 대비해 주어야 한다는 것이다(연금에 가입하고 싶지 않다면 해지하면 된다. 그러나 많은 사람들은 '현상 유지 성향'이 있기 때문에 그대로 퇴직 연금을 놔두게 되고 퇴직할 때쯤 두둑한 노후자금을 확보하게 된다).

다른 방법은 없을까. 이언 에어즈 미국 예일대학교 경영대 교수는 《당근과 채찍》이라는 책에서 행동경제학을 응용한 '약속 유인 계약'을 제안한다. 다이어트를 예로 들어보자. '6개월 안에 3kg을 빼지 못하면 내 라이벌 친구에게 10만원을 주겠다'고 계약을 맺는 것이다. 행동경제학자답게 손실이 너무 커서도 안 되고, 꾸준히 자신을 감시하며, 목표를 잘게 쪼개라는 조언까지 덧붙인다. 중요한 것은 유혹에 넘어갈 수밖에 없는 인간의 심리를 경쟁과 창피함이라는 도구로 보완한다는 것이다.

1997년 외환위기(흔히 'IMF위기'로 부른다) 이후 '금융IQ' '경제IQ'라는 말이 유행했다. 금리, 주식, 부동산, 투자, 세금 등 경제를 알아야 세상을

《넛지》의 저자인 시카고대학교 리처드 탈러 교수. 아이에게 과일 많이 먹으라고 말하기보다 아이 눈 가는 곳에 놓아두는 것이 '넛지'의 개념이라고 설명한다.

살아갈 수 있다는 논리였다. 같은 이치로 뇌가 작동하는 방식을 알아야 다양한 방법으로 자신을 유혹하는 사회에서 올바른 선택을 할 수 있다. 예를 들어 주식투자에 성공하려면 국내외 경제를 이해하는 눈과 주식 투자 요령은 물론 '석기 시대에 살았던 나'에 맞춰 효과적으로 투자하는 방법을 찾아야 한다.

뇌과학을 적절히 사용하면 우리가 사는 세상을 훨씬 더 정의롭게 만들 수 있다. 기존 경제학에서 인간의 최대 관심사는 자신의 이익을 극대화하는 것이다. 부도덕한 일을 하거나 남에게 피해를 주더라도 자신이 이익을 얻을 수만 있으면 그렇게 하는 것이 '합리적'이다. 그러나 실제로 인간은 손해를 보더라도 공정함을 추구하는 경향을 타고났다.

이를 알아보기 위해 가장 많이 이용하는 실험이 '최후통첩 게임'이다(앞서 말했던 신뢰 게임과 비슷한 종류의 심리 실험이다). 1982년 독일의 경제학자 베르너 귀스가 고안한 이 실험은 단순하다. 실험 참가자에게 일정한 액수의 돈을 주고 그 중 원하는 만큼 다른 참가자에게 주라고 지시한다. 상대는 제안을 받아들이거나 거절한다. 받아들이면 두 사람은 돈을 나눠 갖고, 거절하면 두 사람 모두 돈을 받지 못한다.

인간이 경제적 동물이라면 단돈 1원이라도 주겠다고 제안하면 받아들여야 한다. 아무 것도 안 받는 것보다 조금이라도 그게 이익이기 때문이다. 그러나 실험결과 대개 30% 미만이면 제안을 거절한다고 한다. 돈을 주는 사람 역시 40~50%를 흔하게 제안한다. 게임을 다양하게 바꿔 봤지만 인간은 자신의 이익을 포기하면서도 공정함을 추구했다.

과학자들은 인류가 부족사회를 유지하기 위해 개인의 이익은 억제하고 집단의 공정함을 유지하는 방향으로 진화해 왔기 때문으로 해석한다. 뇌 어딘가에는 '자신의 이익을 최대한 추구하는' 부위도 있지만 '사회의 공정함을 유지하려는' 부위도 있는 것이다. 이런 경향을 긍정적으로 이용하면 사회의 불평등을 줄이고 엄격한 법을 넘어선 정의로운 사회를 만들 수 있다. 인종주의나 지역감정, 차별도 인간 속에 있는 작은 성향 때문에 '우연히' 일어나는 경우가 많다. 뇌과학을 제대로 이해하고 적용한다면 이런 부정적인 움직임을 해소하는 데에도 큰 도움이 될 것이다.

뇌는
항상 옳을까?

뇌과학이나 신경경제학은 유아기를 갓 넘어서긴 했지만 아직 사춘기도 겪지 않은 어린이일 뿐이다. 너무나 무한한 가능성이 이들 앞에 놓여 있다. 협상, 교육 등 다양한 분야에도 뇌과학을 적용할 수 있다. 상대방이 협박에 가까운 협상 전술을 사용했을 때도 흔들리지 않는 대응방식을 뇌과학을 통해 개발할 수 있다. 영업에 뛰어난 유전자와 뇌구조를 갖춘 사람을 영업직으로 채용하고, 정직하고 공익을 우선시하는 유전자와 뇌구조, 행동양식을 갖춘 사람을 공무원으로 뽑게 될지 모른다. 상해보험에 가입할 때 뇌 사진을 찍거나 행동테스트를 거쳐야 보험료가 책정될 수도 있다(안전을 추구하는 사람은 보험료가 싸진다). 물론 이런 현상이 남용되면 인간의 존엄성과 자유의지가 크게 훼손되기 때문에 신중하게 적용해야 할 것이다.

낡은 패러다임이 새로운 패러다임으로 대체되면서 과학혁명이 일어난다. 천동설이 지동설로 바뀌고, 뉴턴의 중력 이론이 상대성이론으로 바뀐 것이 대표적이다. 경제학 역시 지난 수십 년 동안 신경경제학을 통해 새로운 패러다임을 만들고 있다. 우리가 복잡 미묘하고 엉뚱한 인간을 제대로 이해한다면 일상생활의 지혜는 물론 금융위기 같은 재앙도 지금보다 훨씬 잘 예방하고 대처할 수 있을 것이다. 따지고 보면 2008년의 세계적인 금융위기도 눈에 보이지 않는 빚과 인간의 머리와 감정으로 도저히 감당할 수 없는 지나치게 복잡한 금융 상품에 의존했기 때문이다.

뇌과학에 기대하고 싶은 것은 인간을 헛된 욕심을 이겨내고 더 행복한 존재로 만들 수 있다는 점이다. 수많은 실험이 더 많은 돈이 더 많은 행복을 안겨주지 못한다는 걸 알려주는데도 인간은 돈에 대한 집착을 이겨내지 못한다. 만일 뇌과학이나 신경경제학이 이 굴레를 끊어버리는 방법을 찾아낸다면 우리 사회는 더욱 행복하고 정직하면서도 풍요롭게 바뀔 것이다. 뇌과학을 통해 인류 진화의 새로운 전환이 시작되고 있다.

issue 07 에너지

스마트그리드를 꿈꾸다

이강봉

《매일경제신문》, 《서울경제신문》에서 취재기자로 활동했으며 산업부장을 지냈다. 현재 《사이언스타임즈》 편집위원으로 활동하고 있으며 과학전문 칼럼니스트로 대중에게 쉽고 재미있게 과학을 알리는 데 노력하고 있다.

스마트그리드를 꿈꾸다

2011년 1월 중순에 시작된 튀니지 시민혁명이 리비아, 중동지역으로 퍼져나가면서 세계는 또 다시 고통을 겪어야 했다. 세계 원유공급의 40%가량을 담당하고 있는 중동과 북아프리카 지역의 정정불안으로 국제 석유가격이 급속히 상승했기 때문이다.

2011년 3월 5일 현재 두바이유를 포함한 세계 3대 유종(油種), 즉 WTI, 브렌트, 두바이유 가격이 모두 배럴당 100달러를 훌쩍 뛰어넘었다. 원유가격 상승은 곧 동네 주유소의 휘발유가격 상승으로 이어졌다. 3월 5일 현재 평균 휘발유가격이 리터당 1900원대로 치솟았다. 휘발유 값이 1900원을 넘은 것은 2008년 7월 29일 1902.25원을 기록한 후 2년 8개월 만에 처음이었다.

급속한 유가상승은 세계에 큰 영향을 미쳤다. 세계 두 번째 경제대국으로 부상한 중국 정부는 유가급등 사태의 심각성을 우려, 2011년 경제성장률을 8%에서 7%로 1% 포인트 낮게 조정한다고 발표했다. 미국은 더 많은 석유를 확보하기 위해 지난해 4월 대형 원유유출사고가 발생한 멕시코만 원유탐사를 다시 허가했다. 심해에서의 또 다른 원유유출 위험을 감수한 조치였다.

최근의 사례에서 보듯 최대 에너지원인 석유확보 문제는 각국 정부가 가장 민감하게 대응하고 있는 국가안보차원의 문제다. 그런 만큼 20세기 이후 세계사 역시 에너지 문제와 깊이 관련돼 있다고 보면 된다. 2003년 발생한 이라크와 아프가니스탄 전쟁 역시 에너지 문제와 깊은 관련이 있다.

우리나라 역시 예외는 아니다. 일본 측이 한국 영해의 독도를 어떻게든 국제분쟁화하려고 애를 쓰고 있는데, 이 또한 깊이 에너지와 관련이 있다. 최근 독도 인근에 가스 하이드레이트를 채취했다는 소식이 전해지면서 독도 영유권을 놓고 일본 측이 더욱 민감하게 대응하고 있는 모습이다.

큰 아픔도 있었다. 지난 2009년 6월 25일 로이터 통신 등 외신들은 중국 석유화공유한공사(시노펙)이 치열하게 기업인수 경쟁을 벌여온 한국석유공사를 누르고 스위스 석유기업인 아닥스를 72억 4000만 달러에 인수했다고 보도했다.

중국은 서아프리카와 이라크 쿠르드 지역 등에 석유 매장 가능성이 큰 광구들을 다수 확보하고 있는 아닥스를 인수함으로써 상당량의 원유를 확보할 수 있는 길이 열렸다. 반면 인수전에서 패배한 한국은 갈수록 치열해지고 있는 석유전쟁에서 쓰라린 아픔을 맛봐야 했다.

최근 세계에서는 국가 간의 더 치열한 에너지확보 경쟁이 전개되고 있다. 가장 큰 원인은 브라질, 러시아, 인도, 중국을 일컫는 브릭스(BRICs)를

독도 인근에서 가스 하이드레이트가 발견되면서 일본이 영유권 분쟁을 더욱 가속화를 조짐이 보이고 있다.

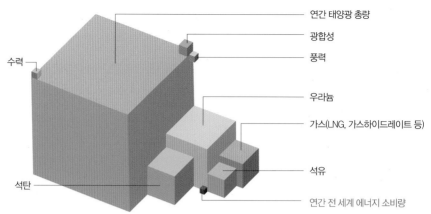

지구상에 존재하는 에너지 총량 비교도

미국립석유위원회가 2007년 발표한 자료에 따르면 지구상에 존재하는 에너지 가운데 태양광이 가장 풍부한 것으로 나타났다. 전 세계 에너지 소비량과 석유, 석탄, 가스, 우라늄 잔존량의 크기를 비교해 볼 수 있다.

비롯 신흥경제국들의 에너지 사용량이 급속히 늘어나면서 에너지 조달에 빨간 불이 켜졌기 때문이다.

에너지가 상승이
곧 물가상승 요인

특히 주목해야 할 나라는 중국이다. '세계의 공장'이란 별명이 있을 정도로 많은 공장들을 가동하면서 해마다 에너지 수요량이 급속히 늘고 있다. 2000년도만 해도 중국의 에너지 사용량은 미국의 절반 정도에 불과했다. 그러나 지난해 말 국제에너지기구(IEA)가 발표한 '세계 에너지 전망' 보고서는 2009년 중국은 세계 최대의 에너지 소비국이다.

2009년 중국은 22.5억 톤에 해당하는 에너지를 사용했는데, 이는 21.7억 톤의 원유에 해당하는 에너지를 사용한 미국보다 0.8억 톤이 더 많은 것이다. 더 심각한 문제는 중국의 에너지 소비량이 훨씬 더 늘어날 것이라는 데 있다.

IEA는 2035년 중국의 에너지 소비량이 세계 전체 소비량의 22%에 달할 것이라고 예측했다. 특히 석유 사용량의 있어 해외 의존도는 2008년 51%에서 2030년 74%까지 증가하고, 가스 의존도는 2007년 5%에서 2030년 48%까지 늘어날 것으로 전망했다.

세계 최대 규모의 에너지 수입국으로 변모한 중국은 지금 막대한 외환

보유고를 무기로 세계 곳곳에 산재한 에너지원들을 매입하고 있다. 아프리카는 물론 미국의 세력권이었던 중남미, 호주, 동남아에 이르기까지 중국의 손이 미치지 않는 곳이 없을 정도다.

이런 분위기 속에서 세계적으로는 더 치열한 에너지 확보경쟁이 벌어지고 있다. 결과적으로 아직까지 핵심 에너지원인 석유가격은 널뛰기를 하고 있고, 그 결과 한국의 주유소 역시 기름가격이 급격히 상승 중이며, 전체적인 물가상승 요인으로 작용하고 있다.

한국석유공사 유가정보서비스에 따르면 2011년 1월 둘째 주 전국 주유소 휘발유 평균 판매가격은 리터당 1822.7원을 기록하고 있다. 이는 석유파동이 있었던 2008년 5월 넷째 주에서 8월 첫째 주를 제외하면 1997년 가격조사 이후 가장 높은 가격으로 기록되고 있다.

유가 상승으로 인한 물가상승도 만만치 않다. 2011년 들어 한파가 몰아치면서 농촌 비닐하우스의 에너지 사용량이 늘어나면서 배추, 무는 물론 고추, 파, 상추 등 농산물 가격이 폭등했다. 공산품 가격도 크게 올라갔다. 지구 곳곳에 기상이변은 에너지 사용량을 한층 더 늘리고 결과적으로 공산품 원료인 원자재 가격을 상승시키는 요인으로 작용하고 있다.

더 심각한 일은 유가를 부추기는 최근의 기상이변이 더 거세지고 있다는 점이다. 2010년 12월부터 100년만의 기록적인 한파가 닥친 유럽은 17년만의 최악의 폭설을 경험하고, 미국 중부지역과 캐나다 역시 폭설과 한파가 2001년 들어서

최근 유가폭등과 그에 따른 물가상승 등으로 경제적인 어려움이 더해지고 있는 가운데 시민단체를 중심으로 에너지 절약 캠페인이 벌이고 있다.

도 계속 매섭게 몰아치면서 에너지 부문에 추가적인 수요 확대 현상으로 이어지고 있다. 유가폭등으로 인한 세계적 인플레 현상이 우려되고 있는 상황이다.

석유 매장량

향후 40년 정도 사용 가능　　　　　　　한마디로 지금의 에너지 문제는 한 사람, 한 도시, 한 국가의 문제가 아니다. 세계인 전체의 문제다. 세계인이 머리를 맞대고 애를 쓰지 않고서는 지금의 어려운 상황을 극복하기 어려운 지경에 도달했다. 무엇보다 먼저 해결해야 할 일은 고갈되고 있는 에너지의 양을 다시 회복하는 일이다. 그러나 지금의 상황은 매우 비관적이다.

지난 2008년 영국의 석유고갈분석센터(ODAS)는 "보통 유전에서 쉽게 채취할 수 있는 저가 석유의 경우 이미 2005년 정점을 넘어섰으며, 심해 지역이나 극지방 등 시추가 어려운 지역 유전에서 나오는 석유는 2011년 정점에 도달할 것"으로 예측한 바 있다. ODAS 주장은 세계 석유 소비량이 새로운 유전개발 속도를 추월해 결국 유전 모두를 고갈시킨다는 '석유 정점(peak oil)' 이론에 근거한 것이다.

영국의 석유 메이저인 BP(브리티시 페트롤리엄)도 산유국 정부가 발표하는 매장량을 기준으로 비관적인 전망을 내놓았다. 지금의 석유 매장량이 향후 40년 정도 사용할 수 있는 양이라는 것.

지난해 말 캘리포니아대학교 에너지연구팀은 '환경과학과 기술'이란 월간지를 통해 더 심각한 연구결과를 내놓았다. 지구상의 석유에너지가 대체 에너지가 보급되기 무려 90년 전에 고갈될 것이라고 추정했는데, 이는 90년 동안 인류가 심각한 에너지 부족난에 시달린다는 것을 말해주는 것이다.

연구에 참여한 캘리포니아대학교 데비 니마이어 교수는 지금 세계 각국을 통해 석유를 대체할 수 있을 만큼의 새로운 에너지 개발이 활발히 이루어지고 있는 것 같지만 실제로는 그렇지 않다고 일축했다. "국제사회가 다양한 신 에너지원과 기타 재생 가능한 에너지를 개발하고 있지만, 실제로 세계가 필요로 하고 있는 요구량과는 거리가 있다"고 보았다.

한쪽에서 석유 고갈 문제로 골머리를 앓고 있는 가운데 또 한편에서는 기상이변이라는 더 어려운 상황이 전개되고 있다. 기후변화정부간위원회(IPCC)가 2007년 발표한 4차 평가보고서에 따르면 20세기 중반부터 진행돼 온 기온상승이 온실가스 때문일 가능성이 '매우 높다(very likely)'고 평가했다.

IPCC에서 정의한 확률에 따르면 '매우 높다'란 분석은 90% 이상의 가능성을 말해주는 것이다. 그럼에도 불구하고 지금 세계는 온실가스의 원인인 석유, 석탄 등의 화석 에너지 사용량을 줄이는데 별다른 노력을 기울이지 못하고 있다. 기후변화 당사국 총회에서 벌어지고 있는 논란은 지금의 실상을 말해주고 있다.

지난 2009년 12월 코펜하겐에서 끝난 제15차 유엔기후변화협약(UNFCCC) 당사국 총회는 세계인들로부터 큰 기대를 저버렸다. 총회 막판 31시간에 걸친 마라톤 회의를 거쳤지만, 세계 경제의 가장 큰 몫을 담당하고 있는 미국과 중국의 소극적 태도로 인해 별다른 합의점을 찾지 못했다.

실망한 환경단체 그린피스는 코펜하겐 공항에 각국 정상의 10년 후 사진과 더불어 "죄송합니다. 기후변화라는 비극을 막을 수도 있었는데 그러

지 못했습니다"라는 포스터를 붙여놓는 시위를 벌여야만 했다. 2010년 11월부터 열린 칸쿤 총회 역시 코펜하겐에서 마무리 못한 내용을 해결할지도 모른다는 기대감과 함께 시작됐다.

코펜하겐 협정(Copenhagen Accord)에서 결정을 내리지 못한 온실가스 총량과 국가별 (온실가스) 감축량 문제를 합의하기를 바랐지만 별다른 합의를 끌어내지 못한 가운데 온실가스 배출목표에 대한 구체적인 행동방안을 다음 총회로 미뤄야 했다. 이 역시 미국과 중국의 이견 때문이다.

석유종말론…

대체 에너지 기술 논쟁　　　　에너지 부족난에서부터 시작해 온실가스로 인한 기상이변에 이르기까지 악순환이 계속 이어지고 있는 가운데 지금 에너지와 관련된 세계 이슈는 악순환을 풀기위한 근본적 해법을 어떻게 만들어내느냐는 것이다. 이와 관련 지난 2008년 말 국제여론연구기관인 월드퍼블릭오피니언(World Public Opinion)이 한국을 비롯해 세계 21개국 2만 790명을 대상으로 해법을 물어본 적이 있다.

조사결과 대체 에너지 시설을 확대하자는 응답자가 전체의 77%에 달했다. 에너지 고갈 문제를 대체 에너지로 해결하면서 온실가스 문제도 동시에 해결하자는 의도로 볼 수 있다. 두 번째로 많은 응답은 건물 개조 등을 통해 사회적 시설물의 에너지 효율을 높여야 한다는 것으로 전체의 73%를 기록했다. 반면 기존의 주요 에너지원인 원자력발전소나 석유·석탄 자원을 사용하는 화력발전 시설을 양적으로 확대하자는 응답은 40%에 불과했다.

응답 결과를 놓고 보았을 때 지금 세계인들은 에너지 문제의 해법을 크게 세 가지로 보고 있는 것이 분명하다. 선호 면에서 첫 번째 해법은 대체 에너지 개발이고, 두 번째 해법은 에너지 절약이고, 세 번째 해법은 원자력 발전소, 혹은 저공해 화력발전소와 같은 또 다른 방안을 활용하자는 견해로 볼 수 있다.

전문가들의 견해도 이 여론결과와 다를 바 없다. 대체 에너지 개발을 주장하는 사람들은 자주 '석유종말(End of Oil 또는 Peak Oil)'이론을 인용하고 있다. 지질학적 한계에 따라 투자 증대와 기술혁신을 통한 석유 증산이 구조적으로 불가능하다는 것. 지금 상황에서 가장 필요한 것은 지속적으로 에너지를 안정·저가로 공급하는 일인데, 이를 해결할 수 있는 가장 효율적인 방법이 신재생에너지 개발이라고 주장하고 있다.

미국의 조사기관 클린 엣지(Clean Edge)에 따르면 2009년 미국의 그린에너지 시장 규모는 태양광이 361억 달러, 풍력이 635억 달러, 바이오연료가 449억 달러로 1000억 달러를 훨씬 넘어섰다. 이는 미래 그린에너지 분야의 가능성을 말해주는 것이다. 현재 크고 작은 기업들을 통해 투자가 이루어지고 있으며, 향후 세계적으로 고성장이 이어질 가능성을 말해주고 있다.

그러나 대체에너지 개발에 대한 부정적인 시각도 없지 않다. 대체 에너지 개발 자체를 부정하는 것은 아니지만 대체 에너지를 통해 지금의 에너지 문제를 해결할 수 있다는 주장은 환상이라는 것이다. 지금처럼 지구 인구가 급속히 늘어나 100억이 예상되고 있는 상황에서 아무리 열심히 대체 에너지를 개발한다 하더라도 엄청난 양의 에너지를 다 공급하기는 역부족이라는 주장을 펴고 있다.

이들은 풍력, 조력 발전소를 늘리는 것도 의미는 있지만 그보다 먼저 에너지 '절약'에 관심을 기울여야 한다고 주장하고 있다. 에너지 정책을 절약 중심으로 변화시켜야 한다는 것. 실제로 독일과 스위스 과학자들이 공동

대전 대덕연구단지 내 대림산업 시험동의 '창호 부착식 태양광 발전시스템'. 미래형 에너지 절약주택인 '패시브 하우스'에 쓰인다.

연구를 통해 설계한 '패시브하우스(Passivehaus)'는 기존 건축물과 비교해 에너지 사용량을 80% 이상 감축하는 등 그 실효성을 입증하고 있다.

여론조사에서 40%의 낮은 지지를 받았지만 최근 원자력에 대한 관심은 세계적인 추세다. 이 분야 과학기술자들은 지금의 에너지난을 극복하고, 온실가스 감축을 위해 원자력 발전 외에 다른 대안이 없다고 주장하고 있다. 각국 정부 역시 원자력에 큰 기대를 걸고 있는 분위기다.

국제원자력기구(IAEA)는 석유고갈과 이산화탄수 배출감축 정책 등으로 인해 오는 2030년까지 세계적으로 약 300여 기의 원자로사 신설될 것으로 보고 있다. 특히 에너지 확보에 열을 올리고 있는 중국은 현재 11기의 원자로를 가동하고 있는데, 오는 2030년까지 매년 2~3기의 원자로를 새로 신설한다는 계획이다. 현재 중국에서 건설 중인 원자로는 26기에 이르고 있다.

미래 문명을 완전히
바꾸어놓을 신재생 에너지

지금의 지구 에너지 해법은 앞에서 말한 세 가지 방향으로 진행된다고 보아도 무리는 없을 것이다. 그럼에도 불구하고 이 세 가지 해법이 동시에 갖고 있는 공통분모가 있다. 그것은 과학기술이다. 과학기술을 통하지 않고서는 이 세 가지 해법이 효과를 거둘 수 없는 것이 지금의 상황이다.

다행스러운 것은 최근 과학기술의 발전이 일반인의 상상을 뛰어넘을 만큼 급속히 전개되고 있다는 것이다. 조류(藻類, algae)를 예로 들 수 있다. 지난 2010년 10월 '글로벌 인재포럼' 참석차 내한한 NASA 오메가프로젝트 소장인 조나단 트렌트 박사는 2만 5000종에 이르는 조류를 원료로 바이오에너지를 만드는 기술을 이미 개발했으며, 상용화시키는 일만 남았다고 말했다.

그동안 인류는 조류를 다양하게 사용해왔다. 비누나 필름, 고급 접착제, 아이스크림 등을 만드는데 쓰는 한천(寒天, agar)이나 실을 잣는데 쓰는 알긴산(algenic acids) 등 다양한 유기소재를 만드는데 활용해왔는데, 이를 대

제주 구좌읍에 구축될 스마트그리드 단지

제주 구좌읍에 2013년 12월 스마트그리드 실증단지가 들어설 예정이다. 6000세대를 대상으로 구축될 실증단지에는 세계 최고 수준의 인프라가 마련된다.

태양광은 대표적인 차세대 에너지로 효율을 더 향상시키기 위한 노력이 세계 각국에서 진행 중이다.

풍력은 스마트 그리드의 핵심 전력원 가운데 하나다. 바람이 많이 불 때 전력을 저장하는 기술도 함께 구축된다.

전기 자동차는 곳곳에
설치된 충전소에서 휘발유
넣듯 전기를 채운다.

스마트그리드와 연계된
빌딩은 사무기기에서 소비될
전기를 요금이 가장 쌀 때
공급받은 뒤 저장한다.

전력망에 자동 복구기능이 있어
대규모 정전사태를 막는다.

스마트그리드 시대에는
싼 값에 전기가 공급될
때 자동적으로 작동하는
가전제품도 나올
것으로 전망된다.

체 에너지를 만드는 데 사용하기 시작한 것이다. 바다 속에 들어있는 어마어마한 양의 조류를 원료로 사용할 경우 맞물려 있는 세계 에너지와 환경 문제를 손쉽게 해결할 수 있다는 것이 트렌트 박사의 주장이다.

석탄을 이용해 저공해 석유를 만드는 석탄액화기술(CTI)도 주목받고 있는 기술 중의 하나다. 현재 전 세계 석탄 매장량은 약 1조 톤에 달한다. 이 석탄을 석유로 만들어 사용할 경우 향후 약 200년 간 사용할 수 있는 석유를 만들 수 있으며, 석탄액화기술로 만든 디젤을 사용할 경우 일산화탄소, 산화질소 등을 최대 85%까지 감소시킬 수 있다는 주장이다.

원자로도 더욱 작고 안전하게 진화하고 있다. 현재 도시바는 기존 원자로 발전용량의 1% 정도인 10MW 급 초소형 원자로 '4S'를 개발 중이다. 이 원자로는 가동 중 문제가 발생할 경우 안전성을 확보하기 위해 자동정지 기능을 탑재하고 있으며, 감시 및 유지기능 등을 최소화시킨 것으로 전해지고 있다.

2011년 초 LG경제연구소에서 발표한 보고서에는 향후 10~20년 사이 세상을 완전히 바꾸어놓을 가능성이 있는 '미래를 바꾸어놓을 7대 상품'을 소개하고 있는데 그중의 원자력전지가 포함돼 있다.

지난 2010년 미주리대학교의 권재완 교수는 액체 반도체 기술과 나노공정 기술을 이용하여 수명이 긴 초소형 원자력 전지를 만들어 냈다. 수명이 100년이 넘고 총 전력량은 동급 일반 전지의 100만 배 이상이다. 아직 동위원소의 가격 문제, 대량 생산 문제로 인해 상용화는 되지 않고 있으나 긴 수명과 안정적 전력이 필요한 심장 세동기 등에 사용할 경우 상용화가 충분히 가능하다는 권 교수의 설명이다.

일부 기업에서도 일반 욕조 정도의 크기로 수십 MW 급 고정형 원자력 전지를 개발하고 있는 것으로 전해지고 있다. 그 정도 전력이면 적게는 고층빌딩에서 많게는 중소 도시 하나의 전력을 감당할 수 있는 수준이다.

스마트폰을 쓰는 사람에게 가장 불편한 것이 무엇인지 물어보면 배터리 문제를 이야기한다. 자주 충전하지 않아도 좀 더 오래 쓸 수 있는 배터리가 있었으면 좋겠다고 말하고 있다. 자동차 운전자들도 비슷한 답변을 하고 있다. 특히 최근 확산되고 있는 전기자동차의 경우 한 번 충전으로 오래 달리는 것이 중요하다. 그러나 원자력 전지가 상용화될 경우 상황은 크게 달라질 것이다. 에너지 혁명까지 바라볼 수 있을 것이다.

최근 들어서는 전지 그 자체의 기본적인 형태까지 바꾸려는 노력이 이어지고 있다. 탄소나노튜브를 이용, 전하를 가두어 둘 수 있는 방법을 연구 중인데, 탄소나노튜브를 이용할 경우 같은 무게에 더 많은 전력을 저장할 수 있을 뿐 아니라 전기를 이용하는 어떤 기구에도 전지사용이 가능하다. 볼보자동차는 현재 차체를 탄소 섬유로 만들어 이를 배터리로 사용하는 방법을 연구 중에 있는 것으로 전해지고 있다.

향후 혁신적 유형의 에너지들이 대거 출현할 경우 미래 문명은 큰 변화가 있을 것이다. LG경제연구원 서기만 연구위원은 먼저 무한 전력 시대, 진정한 모바일 시대가 올 것이라고 보았다.

스마트폰을 아무리 오래 써도 충전할 필요 없는 시대, 스마트폰은 물론, 노트북이나 넷북, 기타 여러 가지 모바일 기기를 항상 켜두고 끄지 않는 시대가 온다는 것. 전지 기술이 좀 더 발전한다면 TV와 같은 저 전력 가전제품들을 전선 없이 사용하는 것까지 가능할 것으로 보았다.

환경 문제 역시 일부 해소될 수 있을 것으로 보았다. 수 MW급 고정형 원자력 전지의 설치가 계속 진행되어 많은 빌딩과 지역 거점에 보급되고, 스마트그리드가 충분히 진행된다면 현재와 같은 대형 화력발전소 없이도 서울 정도, 아니면 좀더 먼 광역시 지역에 충분한 전력을 공급할 수 있을 것이다. 미래 전망이기는 하지만 지금의 에너지 체증이 모두 풀리는 느낌이다.

대림산업이 에너지소비량을 기존 표준 주택의 70%까지 줄인 '에코 3리터 하우스'를 개발, 보급하겠다는 발표한 미래주택의 체험관. 에코 3리터 하우스란 기존 아파트가 냉·난방을 위해 연간 사용하는 m²당 16L의 기름을 3L만 쓴다고 해서 붙여진 이름이다. 기름을 사용하지 않는 대신 풍력, 태양광, 지열 등 다양한 신재생 에너지가 활용된다.

issue 08 신소재

탄소나노 삼형제

강석기

서울대 화학과 및 동대학원(이학석사)를 졸업했다. LG생활건강연구소에서 연구원으로 근무했으며
2000년부터 동아사이언스 기자로 일하고 있다. 지은 책으로《세상을 바꾼 과학천재들 2》(산하, 2010, 공저)가
있고 옮긴 책으로 《현대 과학의 이정표》(Gbrain, 2010, 공역)가 있다.

탄소나노 삼형제

지구에는 100여 종의 원소가 있지만 탄소처럼 특이한 원소도 없는 것 같다. 연필심의 주성분인 시커먼 흑연이 다름 아닌 탄소인 반면 콩알만 한 크기에 수백만 원을 호가하는 다이아몬드도 탄소이기 때문이다. 똑같은 원소로 이뤄져 있지만 그 배열 방식에 따라 전혀 다른 물성을 띠는 대표적 인 사례인 흑연과 다이아몬드는 물질의 신비를 다시 한 번 생각하게 한다.

그런데 1985년 풀러렌(fullerene)이라는 새로운 형태의 탄소 물질이 등 장해 사람들을 깜짝 놀라게 했다. 뒤이어 1991년 탄소나노튜브(carbon nanotube)와 2004년 그래핀(graphene)이 잇달아 발견되면서 스포트라이 트를 받고 있다. 이 세 가지 물질들은 형제라고도 볼 수 있다. 모두 나노미터 수준에서 독특한 특성을 보이기 때문이다. 나노는 10억분의 1을 뜻하는 말 이다.

따라서 이들 세 물질은 '탄소나노 삼형제'라고 부를만하다. 이들이 얼마 나 대단한가 하면 첫째인 풀러렌을 발견한 과학자들은 1996년 노벨화학 상을 받았고, 셋째인 그래핀을 발견한 물리학자들은 불과 6년 뒤인 2010년 노벨물리학상을 수상했다. 지난 20여 년 동안 '나노과학' 또는 '나노기술 (NT)'의 아이콘이었던 탄소나노튜브만 빠진 게 아쉬운 점이다.

인류 역사를

바꾸는 신소재　　　　　　로마의 철학자 세네카의 글을 보면 '유리창'
에 대한 얘기가 나온다. 이를 토대로 사람들은 유리창의 역사가 적어도
2000년은 됐다고 추정한다. 유리창이 없던 시절 사람들은 창문을 열지 않
고서는 바깥을 볼 수 없었다. 봄, 여름, 가을에는 문제가 없지만 겨울에는
환기할 때를 빼면 창문을 열지 않게 된다. 또 비바람이 거세도 창문을 닫아
야 한다.

　따라서 실내는 어두컴컴해 촛불을 켜지 않으면 제대로 볼 수 없었다. 우
리조상들은 빛이 상당량 통과하는 창호지를 만들어 실내조명 문제는 어느
정도 해결했지만 밖이 안 보이기는 마찬가지다.

　그러나 유리의 대량 생산이 가능해지고 넓은 유리판을 만드는 기술이
확립되자 유리창은 보편화됐고 지금 우리는 이를 당연한 걸로 여기며 살고
있다. 20세기 초반에 나타난 플라스틱과 중반에 등장한 반도체 역시 우리

그래핀은 육각형으로
결합한 탄소가 벌집 또는
그물처럼 연결된 구조로
신축성과 유연성이 뛰어나다.

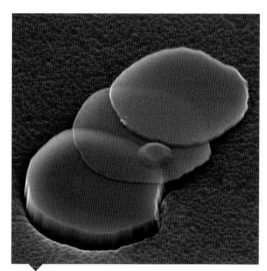

흑연 덩어리에서 그래핀을
분리하는 모습을
전자현미경으로 찍었다.
얇은 판처럼 보이지만,
두께가 10㎚로 그래핀이
약 30장 겹쳐 있다.

의 생활양식을 완전히 바꿔놓았다. 이처럼 신소재의 등장은 인류의 삶뿐 아니라 지구의 모습까지도 바꿔놓는 힘이 있다.

사람들이 현재의 물건에 만족하지 못하고 더 나은 걸 추구할 때 할 수 있는 방법은 두 가지가 있다. 기존의 소재를 개선하거나 새로운 소재를 만드는 일이다. 인류의 역사는 이 가운데 후자가 근본적인 해결책임을 보여주고 있다. 그렇다면 지금 사람들이 찾는 건 무엇일까.

먼저 환경과 에너지 측면이 획기적으로 개선된 소재다. 사람들은 환경에 해롭지 않은 원료로 쉽게 만들 수 있으면서도 더 가볍고 튼튼한 소재를 찾고 있다. 예를 들어 자동차 무게를 1% 줄이면 연료가 0.6% 줄어든다고 한다. 따라서 강철만큼 강한 플라스틱을 만들어 차체로 쓸 수 있다면 환경과 에너지 두 마리 토끼를 잡는 셈이 된다.

다음으로 사람들은 좀 더 편리하고 기능이 뛰어난 물건을 상상한다. 둘둘 말아 가방에 넣고 다니다가 꺼내 펼쳐서 벽에 걸어놓고 볼 수 있는 디스플레이가 대표적인 예다. 이런 '꿈'이 현실이 되려면 돌가루(실리콘산화물)로 만든 반도체 대신 '유연한' 소재가 필요하다.

그런데 이런 요구를 충족해줄 수 있는 신소재가 등장했다. 탄소나노 삼형제인 풀러렌, 탄소나노튜브, 그래핀이 그들이다. 이 가운데 첫째인 풀러렌은 1985년 미국 라이스대학교 화학과 리처드 스몰리 교수팀이 발견한 분자로 탄소 60개로 이뤄진 축구공처럼 생긴 분자다. 그 뒤 탄소 70개짜리를 비롯해 다양한 풀러렌 분자가 발견되거나 만들어졌다.

둘째인 탄소나노튜브는 일본 NTT의 수미오 이지마 박사가 1991년 발견했다. 탄소원자가 죽부인처럼 배열된 탄소나노튜브는 풀러렌을 양쪽 방향으로 늘린 모양새다. 그리고 셋째가 2004년 영국 맨체스터대학교 물리학과의 안드레 가임 교수팀이 발견한 그래핀이다. 연구자들은 흑연에 스카치테이프를 붙였다 떼는 '간단한' 방법으로 탄소원자 한 층으로 이뤄진 그래핀을 얻었다.

그렇다면 탄소나노 삼형제가 어떤 특징을 지녔기에 가장 촉망받는 미래의 신소재로 여겨지며 노벨상을 두 개나 받았을까.

나노 세계에서
변신하는 탄소

풀러렌을 발견한 스몰리 교수는 안타깝게 지난 2005년 아직 한창일 62세에 지병인 암으로 사망했다. 그는 풀러렌을 발견한 뒤 나노과학의 중요성을 역설하고 다녀 '나노과학의 창시자'로 불렸다. 풀러렌이 바로 대표적인 나노입자다. 축구공처럼 생긴 풀러렌 분자의 지름은 1.1나노미터에 불과하다. 나노는 10억분의 1이므로 풀러렌 분자를 일렬로 세워 진짜 축구공 지름(22㎝) 길이를 만들려면 무려 2억 개가 필요하다.

탄소원자 60개가 오각형과
육각형을 이루어 축구공 모양을
하고 있는 풀러렌 분자의 모형.

그래핀으로 만든 가로세로 2㎝의 투명전극.
성균관대학교 홍병희 교수팀이 개발해
《네이처》에 발표한 것으로 그래핀으로
휘어지는 디스플레이를 만들 수 있음을
처음으로 선보였다.

탄소나노튜브 역시 탄소로 이뤄진 지름 수나노미터의 관(합성 조건에 따라 관의 지름을 달리할 수 있다)이기 때문에 이런 이름이 붙었다. 그래핀의 경우 아예 탄소원자 한 층으로 된 그물망(축구골대에 걸려있는 육각형 모양의 그물망을 생각하면 된다)으로 두께는 0.4나노미터에 불과하다. 아래 예를 보면 이게 어느 정도인지 실감할 수 있을 것이다.

2010년 성균관대학교 화학과 홍병희 교수팀은 대각선 길이가 30인치 (76㎝)인 그래핀 필름을 만드는 데 성공했다. 이를 종이(보통 두께가 0.1㎜)로 생각하면 무려 200㎞에 해당한다. 경기도와 충청도를 다 덮을 수 있는 어마어마한 넓이다.

참고로 종이 한 장의 두께는 직접 재보지 않아도 쉽게 추정할 수 있다. 200쪽(100장) 분량의 책 두께가 1㎝ 정도이기 때문이다. 그래핀 필름 25만 장을 포개야 종이 한 장 두께가 된다. 탄소원자 한 층의 두께는 이 정도로 얇다.

그런데 탄소로 이렇게 작고 얇은 소재를 만들 수 있다는 게 학술적으로는 대단할지 모르지만 우리의 실생활에 무슨 소용이 있을까. 놀랍게도 탄소원자가 나노분자를 이루면 흑연같이 엄청난 숫자가 모여 커다란 덩어리로 있을 때에는 없었던 새로운 특징들이 나타난다.

즉 탄소나노분자는 같은 무게의 어떤 물질보다도 강하면서도 열과 전기를 잘 통과시킨다. 예를 들어 탄소나노튜브는 강철보다 훨씬 가벼우면서도 더 단단하다. 여러 겹으로 된 탄소나노튜브를 양쪽에서 잡아당겼을 때 버틸 수 있는 인장강도는 63기가파스칼(GPa)이나 된다. 이게 어느 정도냐 하면 단면적이 연필심 굵기(1㎟)인 케이블이 성인 100명에 해당하는 6400㎏을 매달고도 버티는 것에 해당한다. 강철의 300배가 넘는 강도다.

그러면서도 탄성이 커 늘어나거나 휘어졌다가 다시 원상태로 돌아온다. 탄소나노튜브는 길이방향으로 16%까지 늘어날 수 있다. 탄소-탄소 원자 사이의 화학결합이 무척 강하면서도 융통성이 있기 때문이다.

그래핀은 탄소나노튜브를 세로축 방향으로 가위로 잘라 펼친 형태이므로 탄소나노튜브의 특성을 그대로 갖고 있다. 그래핀의 탄소 그물망이 얼마나 강력한가 하면 그래핀 1㎡로 그물침대를 만들 경우 몸무게 4㎏인 고양이가 낮잠을 즐길 수 있다. 투명해 맨눈에 거의 보이지 않는 그래핀 그물침대의 무게는 고작 0.77㎎으로 고양이 수염 하나보다도 가볍다. 또 그래핀 그물망이 축구 그물망처럼 출렁거린다. 얼핏 생각하면 단점 같지만 이런 유연성이야말로 많은 산업계에서 필요로 하는 특성이다.

다마스쿠스

탄소나노 삼형제　　　　다른 많은 신소재와는 달리 탄소나노 삼형제는 최근 '발견'된 것이지 '발명'된 것은 아니다. 이들 물질은 이미 자연계에 존재하고 있었다는 말이다. 지난해 과학학술지 《사이언스》에는 저 멀리 우주 속에 풀러렌 분자들이 떠다니고 있음을 입증한 논문이 실렸다. 즉 별 내부 핵융합으로 탄소가 만들어진 뒤 별이 폭발해 잔해가 우주로 흩어졌을 때 뜨거운 탄소원자가 식으면서 풀러렌 분자를 만들었을 거라는 얘기다. 풀러렌은 지구가 태어나기 전부터 존재했던 셈이다.

탄소나노튜브에 얽힌 이야기도 흥미롭다. 지난 2006년 과학학술지 《네이처》에는 신비의 보검으로 유명한 '다마스쿠스 검'을 전자현미경으로 자세히 살펴봤더니 탄소나노튜브가 들어있더라는 논문이 실렸다. 다마스쿠스 검은 중세 이슬람인들이 사용한 무기로 단단하면서도 탄성이 높아 잘 부러지지 않는 명검이다.

11세기 말 유럽인들이 십자군원정을 갔을 때 이슬람인들이 자신들이 쓰는 검보다 훨씬 우수한 검을 쓰는 걸 보고 이런 이름을 지었다. 아쉽게도 다마스쿠스 검의 제조비법은 18세기 무렵 사라졌다고 한다. 보통 강철은 탄소함량에 따라 강도와 탄성이 바뀐다. 즉 탄소가 적게 들어 있으면 탄성은 좋지만 강도가 약한 반면 많이 들어있으면 강하지만 잘 부서진다.

그런데 다마스쿠스 검은 탄소의 상당 부분이 탄소나노튜브 형태로 들어있어 강하면서도 잘 부러지지 않았던 것. 연구자들은 당시 강(鋼)을 제조할 때 탄소나노튜브의 형성을 촉진하는 과정이 있었을 것으로 추정하고 있다.

그래핀은 위의 두 가지보다도 더 흔하게 우리 주변에 있던 물질이다. 다만 무수한 층을 이룬 흑연이란 형태로 존재했을 뿐이다. 연필심에 손가락

변신의 귀재 그래핀

흑연에서 처음 분리해 낸 그래핀은 2차원
평면으로, 공처럼 모으면 풀러렌이 되고 말면
탄소나노튜브가 된다. 차곡차곡 쌓으면 다시
흑연을 만들 수도 있다.

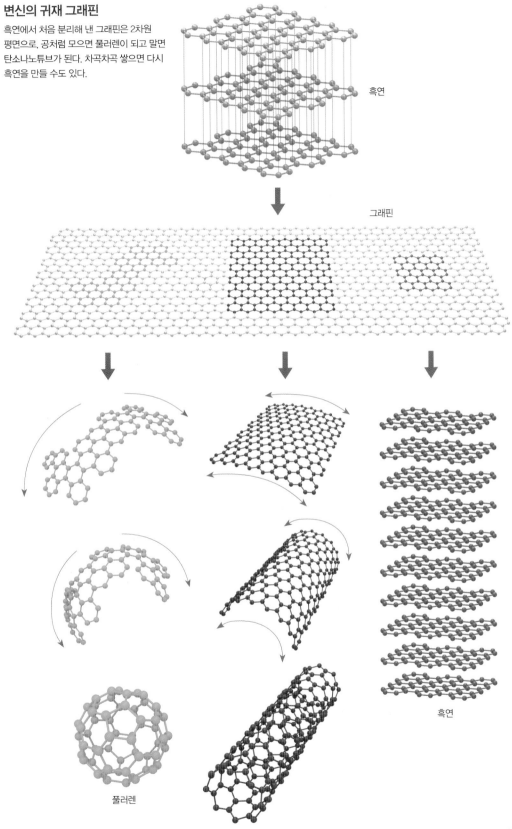

흑연

그래핀

풀러렌

탄소나노튜브

흑연

을 쓱 갖다 대면 우리 눈에는 안 보이지만 그래핀이 비록 한 층짜리는 아니더라도 묻어나게 된다.

아무튼 탄소나노 삼형제의 실체를 알게 되고 여러 측면에서 놀라운 특성을 갖고 있다는 사실을 밝혔음에도 불구하고 아직까지 상용화 실적이 미미하다. 애초에 응용 쪽은 큰 기대를 하지 않은 풀러렌은 그렇다고 쳐도 나노과학의 아이콘인 탄소나노튜브 역시 아직은 폭넓게 쓰이지 못하고 있다.

20년 전 탄소나노튜브가 발견됐을 때만해도 이지마 박사가 노벨상을 타는 건 시간문제라고 생각했지만 지난해 탄소나노튜브는 건너뛰고 그래핀 연구자들이 수상자가 된 배경이기도 하다. 그렇다면 금세 세상을 바꿀 줄 알았던 탄소나노 소재의 상용화가 왜 이렇게 부진한 걸까.

탄소나노튜브를 보자. 현재 반도체 소자는 선폭이 30나노미터까지 줄어들어 사실상 한계에 다다랐다. 그런데 탄소나노튜브는 지름이 수나노미터에 불과하므로 탄소나노튜브로 칩을 만들면 집적도를 훨씬 높일 수 있다. 실제로 탄소나노튜브로 만든 트랜지스터를 소개한 논문이 《네이처》에 실린 게 1998년이다. 2007년에는 탄소나노튜브로 트랜지스터 라디오를 만들기도 했다.

그런데 이런 성공이 곧 탄소나노튜브 반도체 시대가 임박했다는 뜻은 아니다. 아직까지 탄소나노튜브를 일정한 크기로 만들 수도 없고 제조비용도 비싸기 때문이다. 게다가 설사 싼 값에 균일한 탄소나노튜브를 만드는 데 성공하더라도 나노수준의 정교한 패턴대로 칩에 배치시킬 수 있는 방법이 없다.

기존 실리콘 반도체의 경우 리소그래피(식각) 방식으로 회로의 패턴을 만드는데 그 과정이 자동화돼 있어 대량생산이 가능하다. 손톱만 한 면적에 트랜지스터 수십억 개가 배치돼 있는데 탄소나노튜브를 이렇게 조작할 방법이 없다. 한마디로 탄소나노튜브로 트랜지스터를 만들 수 있다는 걸 보여주는 데 의미가 있을 뿐이다.

그렇다면 탄소나노튜브는 실용적인 면에서는 전혀 쓸모가 없는 걸까? 공학에서 반도체칩처럼 정교한 구조가 개입되는 분야를 '하이테크(high tech)'라고 부르는 반면 단순히 강도를 높이거나 전기를 잘 통하는 데 주안

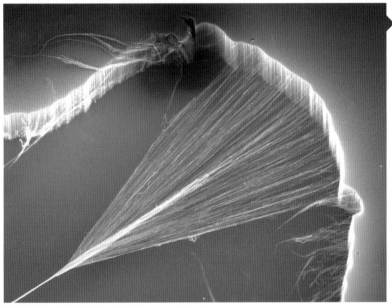

탄소나노튜브 수백~수천 가닥을 일정하게 꼬면 탄소나노튜브 섬유가 만들어진다. 이때 빼곡한 부챗살 형태를 이룬 탄소나노튜브 층 위에 특정 물질을 첨가하면 탄소나노튜브와 첨가물의 특성을 함께 가진 기능성 섬유가 된다.

점을 둔 분야를 '로테크(low tech)'라고 부른다. 탄소나노튜브의 경우 하이테크 쪽은 요원하지만 로테크 쪽은 이미 상용화가 진행되고 있다.

즉 자동차나 항공기 부품에 탄소나노튜브를 섞은 소재를 씀으로써 강도를 높이고 전기적 안전성을 높일 수 있다. 예를 들어 고급차인 아우디 A4 신형에 쓰이는 연료 필터는 탄소나노튜브를 함유한 플라스틱 재질이다. 일반 플라스틱의 경우 정전기 때문에 스파크가 일어날 가능성이 있지만 탄소나노튜브를 섞을 경우 플라스틱의 전기전도도가 커져 이런 염려가 없다. 리튬이온 배터리의 전극에도 탄소나노튜브를 넣어 물성을 개선하기도 한다.

미국의 이스톤-벨스포츠라는 스포츠용품제조회사는 탄소나노튜브를

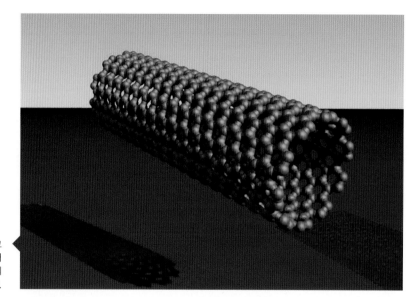

탄소들이 튜브 모양을 하고 있는 탄소나노튜브는 1990년대 이후 가장 주목받는 나노기술의 키워드로 자리 잡아왔다.

포함한 재질로 가볍고 강한 자전거 부속품을 만들어 공급하고 있다. 또 터치스크린처럼 투명하면서도 전기가 통해야 하는 얇은 필름을 탄소나노튜브로 만드는 연구도 상업화에 임박해 있다. 그 결과 현재 연간 수백 톤 규모로 탄소나노튜브를 생산하고 있다.

최근 그래핀이 주목받는 이유는 탄소나노튜브가 적용되는 로테크 영역에서 대부분 그래핀도 적용될 수 있는데다가 탄소나노튜브에 비해 만들거나 다루기가 훨씬 쉽기 때문이다. 예를 들어 터치스크린으로 쓸 수 있는 그래핀 필름을 대량으로 만들 수 있는 기술이 최근 1~2년 사이에 놀라운 발전을 이뤘다.

지난해 성균관대학교 홍병희 교수팀이 개발한 그래핀 필름 제조 기술은 '롤-투-롤(roll-to-roll) 과정'으로 명명한 획기적인 방법이다. 연구자들은 구리 호일에 탄소증기를 증착시킨 뒤 접착성 고분자 필름을 대고 롤에 넣어 둘을 붙였다. 그 뒤 구리 포일을 산화시켜 이온으로 녹여내면(구리 이온은 다시 환원시켜 구리 포일로 만드는 재활용이 가능하다) 그래핀 필름이 붙은 고분자 필름이 나온다. 이를 그대로 쓰거나 또는 원하는 필름에 비슷한 과정으로 그래핀 필름을 옮길 수 있다. 롤-투-롤이라는 이름을 쓴 이유다.

삼성전자는 연구자들이 만든 그래핀 필름으로 만든 터치스크린 시제품을 만드는 데도 성공했다. 홍 교수는 2013년쯤이면 그래핀 터치스크린이

상용화될 것으로 전망했다. 현재 주로 쓰이는 인듐주석산화물(ITO)이 뛰어나기는 하지만 문제도 많기 때문이다. 즉 딱딱한 무기산화물이다 보니 변형에 약하고 깨지기 쉽다. 무엇보다도 주성분인 희토류 원소 인듐이 갈수록 구하기 어려워지고 있다. 따라서 ITO로 코팅한 터치스크린의 가격은 가파르게 오를 전망이다.

실리콘 반도체
vs 탄소나노 삼형제

지난 수년 간 탄소나노 삼형제, 특히 탄소나노튜브와 그래핀에 관한 과학뉴스는 하루가 멀다 하고 나왔다. 최근에는 포스텍 김광수 교수팀이 그래핀을 이용한 획기적인 DNA염기서열분석법을 개발했다고 해서 화제다. 이 기술이 상용화되면 60억 개 염기로 이뤄진 한 사람의 게놈을 불과 1시간에 해독할 수 있다고 한다.

그럼에도 탄소나노 삼형제가 당장 우리 삶에 큰 변화는 주지 않을 것이다. 사실 탄소나노 삼형제뿐 아니라 어떤 새로운 소재가 개발된다고 해도 사람들의 삶이 순식간에 달라지는 일은 없었고 앞으로도 그럴 것이다. 여기서 과학과 기술의 차이가 난다. 과학은 새로운 현상이나 이론을 밝힌 것 자체가 완성이지만 기술은 실생활에 접목되는 긴 과정을 거쳐야 하기 때문

성균관대학교 홍병희 교수팀과 삼성전자종합기술원 최재영 박사팀이 반도체를 만들 때 필요한 새 기술을 개발했다. 이 기술은 그래핀 합성기술과 패터닝 기술로 연구결과는 영국과학저널 《네이처 온라인》에 실렸다. 사진은 연구진이 합성한 지름 10cm 크기의 그래핀.

이다. 플라스틱만 하더라도 20세기 후반 들어 광범위한 제품에 널리 쓰이고 있지만 플라스틱이 처음 발명된 게 1907년이었다.

게다가 뛰어난 신소재가 상용화됐다고 해서 기존의 소재를 완전히 대체하는 일은 거의 일어나지 않는다. 플라스틱이 가볍고 잘 깨지지 않고 싸다고 해도 우리는 여전히 목재나 유리를 즐겨 사용하고 있다. 사물의 가치를 바라보는 관점이 다양하기 때문이다.

지금으로서는 탄소나노튜브나 그래핀이 플라스틱이나 실리콘 반도체 정도로 인류의 삶에 영향을 미칠지는 불확실하다. 사실 탄소나노 삼형제를 비롯한 여러 나노소재들이 매스컴에는 인기 아이템으로 자주 등장하지만 아직까지는 이들 소재의 용도를 찾기가 만만치 않다. 현재 쓰이고 있는 소재들 역시 나름의 장점이 있는데다 물성을 계속 개선해 나가기 때문이다.

한편 이런 실용적은 측면과는 별도로 탄소나노 삼형제의 등장은 인류의 과학기술 지식의 지평을 넓히는 데 밑거름이 됐다. 매년 전 세계에서 논문이 수천 편씩 쏟아지고 있다. 2010년 자료를 보면 풀러렌을 다룬 논문이 2000편, 탄소나노튜브는 8000편, 등장한 지 불과 6년 된 그래핀은 가파르게 상승해 3000편에 이르고 있다. 아마 그래핀을 다룬 논문은 수년 내 탄소나노튜브를 제칠 것이다.

이들 물질을 연구하면서 과학자들은 '나노'라는 미시세계에서 벌어지는, 전에는 생각해보지도 못했던 현상들을 하나둘 알아가고 있다. 탄소나노 삼형제라는 연구할 '대상'이 없었다면 이런 발전은 일어나지 않았을 것이다.

보통 사람들 역시 매스컴에 끊임없이 오르내리는 탄소나노 삼형제 덕분에 나노가 10억분의 1을 뜻한다는 것쯤은 이제 상식이 됐다. 또 죽부인처럼 생긴 탄소나노튜브나 골대 그물처럼 생긴 그래핀의 분자구조 역시 익숙할 것이다. 수년 뒤 그래핀 필름이 코팅된 터치스크린이 장착된 휴대폰이나 태블릿PC를 쓰게 되면 우리는 매일 그래핀과 '접촉'하며 살 것이다.

탄소나노튜브 상용화가 지지부진한 것 같지만 지난 수년 동안 중요한 진전이 많이 이뤄졌다. 탄소나노튜브는 탄소가 풍부한 증기를 적당한 촉매를 써서 반응시켜 튜브 형태로 만드는데 그 길이나 굵기가 제각각이다. 따라서 균일한 물성을 띠게 하려면 탄소나노튜브를 최대한 비슷한 굵기와 길이에 맞게 분리할 수 있어야 한다. 그런데 이런 기술이 지난 2005년 개발됐다. 따라서 현재는 어느 정도 균일한 탄소나노튜브 소재를 얻을 수 있다.

사실 상용화의 가장 큰 걸림돌은 가격이다. 현재 탄소나노튜브의 가격은 킬로그램당 100달러(약 11만원) 수준으로 철이나 알루미늄, 플라스틱보다 훨씬 비싸다. 획기적인 제조법이 등장하지 않는 한 10년 뒤에도 50달러 수준으로 떨어지는 게 고작일 거라는 추측이다. 아무리 물성이 좋아도 이렇게 가격이 비싸서는 범용 소재로 쓰이기는 어렵다.

많은 사람들이 탄소나노튜브보다 그래핀에 더 주목하는 이유 가운데 하나가 바로 가격이다. 지금은 생산비가 비슷하지만 그래핀은 새로운 대량 생산기술이 속속 개발되고 있기 때문에 머지않아 킬로그램당 10달러 미만에 공급될 수 있을 것으로 전망된다. 그렇다고 그래핀이 쉽게 범용 소재로 쓰일지는 아직 불투명하다.

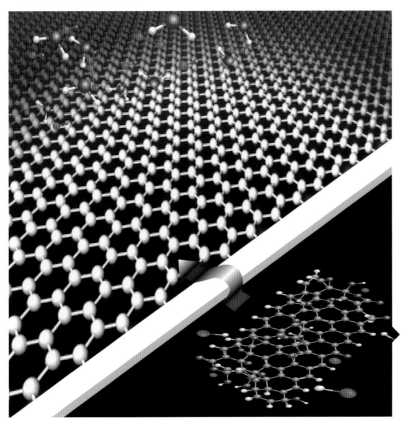

성균관대학교 화학과 이효영 교수팀이 새로운 환원제로 그래핀을 합성하는 모습을 그린 그림. 오른쪽 아래의 '그래핀 옥사이드'가 환원돼 그래핀이 된다.

탄소나노 삼형제가

꿈꾸는 **세상**
생명과학분야에서는 탄소나노 삼형제의 역할이 기대된다. 지난 2008년 미국 리버사이드 소재 캘리포니아대의 로버트 해든(Haddon) 교수팀은 탄소나노튜브를 주형으로 삼아 부러지거나 깨진 뼈가 다시 자라나게 하는 방법을 개발했다. 뼈는 유기성분인 콜라겐(섬유단백질)과 무기성분인 칼슘결정(히드록시아파타이트)으로 이뤄져 있다. 콜라겐이 모양을 잡으면 칼슘결정이 달라붙어 뼈가 만들어지는 것이다.

연구자들은 탄소나노튜브가 콜라겐의 역할을 할 수 있음을 보였다. 원래 탄소나노튜브는 콜라겐보다 훨씬 강한 섬유이지만 그 표면에서 칼슘결정이 잘 자라지 못한다. 연구자들이 탄소나노튜브의 물성을 변화시켜 칼슘결정이 잘 달라붙게 만들었다.

또한 암치료에 탄소나노튜브를 이용하기도 한다. 미국 캔지우스(Kanzius)암연구재단은 나노입자를 이용한 암치료법을 개발하고 있는데, 그 가운데 하나가 탄소나노튜브를 암세포에 투입하고 라디오파를 조사하는 방법이다. 라디오파의 에너지를 받은 탄소나노튜브가 진동하면서 열을 내 주위의 암세포를 죽인다는 것.

물론 아직까지는 인체에 나노입자를 적용하는 건 시기상조라는 의견이 다수다. 나노입자의 안전성이 충분히 검토되지 않았기 때문이다. 탄소나노 삼형제 역시 지금까지 생체독성에 대한 연구가 다수 있었지만 아직 결론을

그래핀은 전자종이 즉, 휘는 디스플레이 재료로 활용 가치가 뛰어날 것으로 전망된다.

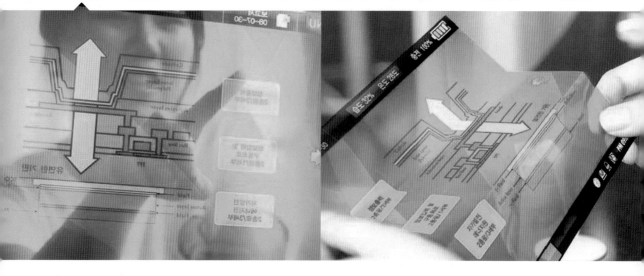

내릴 단계는 아니다. 최악의 경우 풀러렌이나 탄소나노튜브 같은 나노입자는 석면 같은 처지에 놓일 가능성도 배제할 수 없다.

한편 많은 탄소나노소재 연구자들이 궁극의 목표로 삼고 있는 하이테크 분야도 언젠가는 탄소나노 소재가 진출할 것이다. 집적도의 면에서는 현재 실리콘반도체 소자와 경쟁하기 어렵겠지만 많은 사람들이 기다리고 있는 '플렉서블(flexible)' 제품을 구현하는 데 탄소나노튜브나 그래핀이 '역할'을 할 것이라고 많은 연구자들이 믿고 있다.

즉 플렉서블 소자는 플라스틱 필름 같은 유연한 기판에 '프린팅'이 돼야 하는데 실리콘 반도체 소자로는 사실상 불가능하다. 그러나 그래핀은 성균관대학교 홍병희 교수팀이 개발한 롤-투-롤 방법처럼 쉽게 프린팅이 가능하다. 문제는 그래핀으로 회로를 얼마나 쉽게 만들고 어느 수준까지 집적도를 이룰 수 있느냐는 것.

그런데 반도체의 리소그래피를 모방해 그래핀 필름에 회로 패턴을 만드는 일이 가능하다는 연구결과가 나오고 있다. 최근 '미국화학회저널(JACS)'에 실린 중국 북경대 연구자들의 논문을 보면 이산화티타늄 소재 포토마스크(패턴)를 그래핀 위에 얹고 자외선을 쪼여주면 포토마스크가 덮인 자리의 탄소결합이 끊긴다. 즉 포토마스크가 덮이지 않은 부분의 그래핀만 남게 된다는 말이다.

이런 성과들은 머지않아 그래핀으로 만든 전자회로가 상용화될 수 있음을 시사한다. 적어도 10여 년 전부터 들어왔을 플렉서블 디스플레이가 진짜 실용화될 날도 머지않았다. 게다가 그래핀은 사실상 투명하기 때문에 (기판인 플라스틱도 투명하다) 투명한 창에서 인터넷 '창'이 뜨는 일이 현실이 될 것이다.

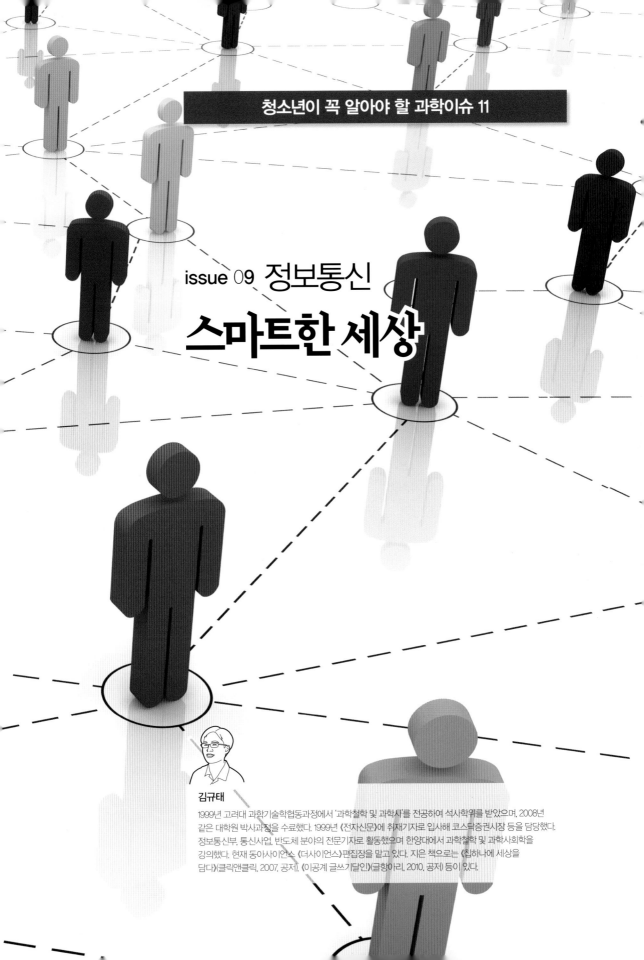

issue 09 정보통신

스마트한 세상

김규태

1999년 고려대 과학기술학협동과정에서 '과학철학 및 과학사'를 전공하여 석사학위를 받았으며, 2008년 같은 대학원 박사과정을 수료했다. 1999년 《전자신문》에 취재기자로 입사해 코스닥증권시장 등을 담당했다. 정보통신부, 통신사업, 반도체 분야의 전문기자로 활동했으며 한양대에서 과학철학 및 과학사회학을 강의했다. 현재 동아사이언스 《더사이언스》편집장을 맡고 있다. 지은 책으로는 《집하나에 세상을 담다》(클릭앤클릭, 2007, 공저), 《이공계 글쓰기달인》(글항아리, 2010, 공저) 등이 있다.

스마트한 세상

　　2011년 초 중동과 아프리카에서 민주화 시위가 일어났다는 소식이 들어왔다. 진원지는 '재스민 혁명'이라는 용어를 탄생시킨 튀니지. 지중해 연안의 이슬람 국가로 프랑스의 지배를 받았던 나라다. 그동안 세계 속에서 큰 주목을 받지 못했던 튀니지 시민들이 갑자기 길거리로 나와서 권리를 외치기 시작했다. 이들이 이처럼 '권리'를 외칠 수 있게 한 힘은 무엇일까. 바로 정보통신이다. 정보통신이 모래알처럼 흩어져서 살던 시민들에게 '연결(네트워크)'의 기회를 주었다. 가슴 속에 답답함을 서로 나누면서 거리로 나와 사회를 바꾼 셈이다. 사태는 이집트, 리비아 등으로 이어졌으며 점차 확산되고 있다. 정치학자들은 중동에서 촉발된 이러한 움직임이 100여 년만의 최대 사건이 될 것으로 예상했다.

　　우리나라에서도 소셜미디어를 통해 나름대로 사회적인 변화가 있었다. 중동 같은 정치적인 것이 아니라 '지식을 나누자'는 움직임이다. 2010년 10월 30일, 전국 29개 도서관에서 일제히 강연이 열렸다. 대표적인 소셜미디어인 트위터에서 KAIST 정재승 교수가 "10월의 마지막 토요일에는 지식을 기부하자"는 제안을 올렸고, 강의를 기부할 사람과 행사 진행을 기부할 사람들이 모여서 자발적으로 행사를 치렀다. 얼굴도 이름도 전혀 모르는 사람들이 트위터를 통해 만난 것이다. 이 행사는 이후 지식 기부 운동의 시발

점이 되었다.

생활 속에서도 소셜미디어는 유용하게 쓰인다. 지난해 여름 강력한 태풍이 한반도를 휩쓸었을 때나 2011년 3월 최악의 지진과 쓰나미가 일본을 삼켰을 때도 위력을 발휘했다. 스마트폰으로 페이스북, 트위터 등에 접속하면 여기저기서 방송보다도 빠른 '뉴스'가 올라와 있었다. "OO로에 나무가 쓰러져서 길이 매우 막혀요", "OO역에 사고 났으니, OO 방향으로 가시는 분은 다른 교통수단을 사용하세요", "OO에 대피소가 마련되어 있으니 OO로 오세요" 등 각 지역의 메시지가 올라왔고, 이를 보고 많은 사람들이 도움을 받았다.

정보통신이 가져온 소셜미디어 혁명은 이외에도 삽시간에 헌혈증을 모아서 난치병 어린이를 치료한 사례, 미아를 찾은 경우 등 헤아릴 수 없이 많다. 인터넷 파일 공유 사이트에서 영화, 음악만 빨리 다운받으면 될 줄 알았던 세상이 뭔가 빠르고 복잡하게 바뀌고 있다. 세상은 점점 '스마트'해지지만, 어떻게 적응해야 하는지 골치 아프게 하는 것도 사실이다.

스마트폰, 태블릿PC, 스마트TV

정보통신(IT) 분야에서 최근 1년간 사람들이 입에 오르내린 것들로 스마트폰, 소셜네트워크 서비스, 태블릿PC 등이 있다. 최

2010년 10월 30일 울산 울주도서관에서 '10월의 하늘' 강의를 진행한 김승환 포스텍 교수(왼쪽에서 두 번째)와 정재승 KAIST 교수(네 번째)가 학생들과 기념사진을 찍고 있다.

근에는 TV 혁명을 이끌 것이라는 스마트TV도 화제다.

IT 기술의 변화가 빠르다는 것이 어제오늘의 일은 아니지만, 유독 최근 1~2년간 벌어진 일들을 뒤돌아보면 현기증을 느낀다. IT 기기를 좋아하는 '얼리 어댑터'뿐 아니라 전통적인 스타일의 피처폰(기존의 휴대전화)을 주로 사용했던 50~60대 '레이트(late) 어댑터'의 손에도 스마트폰이 들려있다. 지하철에는 타블로이드 무가지 대신 태블릿PC, 스마트폰을 들고 각종 뉴스를 읽는다.

사람들이 모이는 형태도 빠르게 바뀌었다. 2년 전만해도 보통 인터넷 포털이 운영하는 각종 카페를 통해 온-오프라인 모임이 있었다. 또 가까운 사람들을 '1촌'이라고 부르며, 자기들끼리의 소셜네트워크를 만드는 형태의 미니홈피가 유행했다. 그러나 이제 상황이 조금 달라졌다. 트위터, 페이스북 등 소셜네트워크 서비스로 인해 사이버 공간에서 그리고 오프라인 공간에서 사람들이 정보를 나누고, 만나고, 헤어지는 형태가 바뀌기 시작했다.

이러한 최근 1~2년 사이의 흐름을 '1.0시대'에서 '2.0시대'로 변한 것이라고들 한다. 1.0 시대에는 컴퓨터 속에 사회를 짚어 넣고, 그 안에서 많은 얘기가 오갔다면, 2.0 시대에는 사회 전체가 컴퓨터화되면서 언제, 어디서나 서로 '접속'하면서 일상 전체가 IT화되어버린 셈이다.

IT 전문가들은 이미 2.0시대는 끝나고 현재가 2.5시대, 그리고 3.0시대가 조만간 올 것이라는 말을 한다. 3.0시대를 정의하는 것이 아직은 이르지만 스마트폰, 스마트TV 등의 '스마트'한 것들이 더 많아지고, 이로 인해 예상 못했던 사회 현상들이 발생하는 것으로 일단 생각해보자. 우리에게 급한 것은 스마트폰이 무엇인지부터 제대로 알아야 하기 때문이다.

스마트폰,

한순간에 **일상을 접수**하다!

정보통신업계에 따르면 2010년 말 현재 국내 스마트폰 보급대수가 500만 대에 이른다. 아이폰이라는 '괴물'이 우리나라에 들어온 2009년 11월 이후 1년 만에 10배 이상 늘어났다. 이런 추세라면 2011년 말이면 1100만 대 정도로 증가할 것으로 추산된다. 경제 활동인구가 대략 2500만 명 정도이니 2012년에는 웬만한 사람의 손에는 스마트폰이 들려있을 것이다. 도대체 스마트폰이 뭐기에 사람들이 열광하는 것일까?

"스마트폰이 아직도 뭔지 모르겠다고?"
"복잡하게 생각하지는 마,
그냥 '손 안의 컴퓨터'이자, 전화기, 게임기, 저장장치 등이라고 이해하
면 된다고!"

스마트폰이라는 말은 이제 휴대전화만큼이나 익숙하게 사용된다. 그러나 스마트폰이 휴대전화의 한 종류이지만, 왠지 '스마트폰은 첨단이고 어려워'라고 생각하기 쉽다. 일단 널찍한 화면에 여러 가지 아이콘들이 있다. 뭔가 복잡하다. '작은 컴퓨터 같은데, 이거 사용하면 다 돈 내야 하는 거 아닌가?'라는 생각을 하면서 '제품 가격도 비싸고, 통신료도 많이 내야 할 거야'라고 생각하기 쉽다.

그렇지만 분명히 기존의 보통 휴대전화보다 기능이 많지만, 기능은 오히려 소비자가 사용하기에는 훨씬 편해졌다. 가격에서도 그리 큰 차이가 나지 않는다. 그래서 '스마트'하다는 수식어가 붙는 듯하다.

스마트폰은 컴퓨터다? 그렇다. 겉으로 보이는 것처럼 '손 안의 컴퓨터'라고 볼 수 있다. 20~30년 전 개인용 컴퓨터(PC)가 갖고 있던 저장 용량, 연산 속도 등을 뛰어넘는다고 볼 수 있다. PC 상에서 사용할 수 있는 엑셀, 한글 등 각종 소프트웨어를 스마트폰에서 사용할 수 있으니, 미니컴퓨터라고

해도 손색이 없다.

스마트폰은 게임기다? 그렇다. 사실 컴퓨터의 핵심(?) 용도 중 하나는 놀고 즐기는 것이다. 컴퓨터를 사면 가장 먼저 사용하는 것이 게임 아니었던가. 스마트폰을 가지고 놀 수 있는 게임은 다양하다. 바둑, 장기, 포커 등 보드 게임부터 비행기를 조종하고 사이버 애완동물도 키울 수 있다.

스마트폰은 휴대용 멀티미디어 기기다? 그렇다. 스마트폰의 용량은 대체로 수~수십 기가바이트 단위다. 웬만한 저장 장치 그 이상이다. 노래도 수백 곡 이상 저장해서 가지고 다닐 수 있다. 영화도 넣어 다닌다. 버스에서 지하철에서 비행기에서 저장한 노래도 듣고 영화도 볼 수 있다.

스마트폰은 전자수첩이다? 그렇다. 스마트폰을 사용하면 지인들의 전화번호, 주소, 이메일 등을 쉽게 받아볼 수 있다. 일정 관리, 알람, 메모 등을 그대로 사용할 수 있다. 물론 이러한 기능들이 집에 있는 PC와 연동해서 사용할 수 있다. 5년 전 만해도 비스니즈맨들이 들고 다녔던 개인휴대단말기(PDA) 기능을 모두 스마트폰에서 사용할 수 있다.

스마트폰은 다~ 된다? 그렇다. 이처럼 컴퓨터, 게임기, 멀티미디어기기, 전자수첩 등 다양한 기능을 손바닥보다 작은 휴대폰에 집어넣었다고 '스마트'하다고 할 수는 없다. 이 기능들이 언제 어디서나 간편하게 인터넷 망에 접속할 수 있다는 점이 '스마트 혁명'을 가져왔다.

PC는 인터넷에는 접속할 수 있지만 이동이 쉽지는 않다. 노트북컴퓨터라고 하더라도 무게가 적어도 1~2kg에 이른다. 언제나 꺼내서 사용하기에 그리 편

교보문고가 스마트폰인 갤럭시S로 전자책을 볼 수 있는 서비스를 시작하면서 전자책을 내려 받는 횟수가 급증했다.

한 것은 아니다. 간단한 기기인 PDA, 게임기, 전자사전 등은 PC와 연동한 뒤에 사용하거나 무선랜이 있는 지역에서 인터넷에 접속이 가능했다. 그런데 스마트폰은 통신망에 쉽게 접속해서 원할 때 원하는 정보를 찾아볼 수 있다. 과거에는 통신망에 접속해 데이터를 사용하게 되면 엄청나게 비싼 요금을 내야 했다. 더러 신문 방송에서 "한 달에 수백만 원 데이터 요금 지급 파문"이라는 기사가 떴을 정도다.

스마트폰은 이러한 요금의 장벽을 무너뜨렸다. 애플, 삼성전자, LG전자, 팬택앤큐리텔, HTC 등 주요 스마트폰 제조사들은 스마트폰을 팔 때 통신 업체인 KT, SKT 등과 제휴를 하고 일정액만 매월 내면 무한대로 데이터 통신을 쓸 수 있는 요금제를 권장한다. 무선랜이 되는 곳에서는 무선랜을 사용하고 무선랜이 없거나 이동 중에는 통신회사의 네트워크에 비교적으로 저렴하게 접속할 수 있게 된 것이다.

이쯤 되면 스마트폰이 '그동안 나온 휴대전화 중의 한 종류'라고 보기보다는 '휴대폰의 새로운 패러다임을 연 제품'으로 볼 수 있다. 단지 기능이 많기 때문에 스마트한 것이 아니라 사람의 일상을 스마트하게 보조해주기 때문이다.

스마트폰만으로는 **부족해,**
태블릿PC   아이폰이 일으킨 스마트폰 열풍에 이어 수첩 또는 단행본 크기 정도의 태블릿PC가 계속 화제가 되고 있다. 2010년 상반기에는 IT 마니아의 기호품 정도로 여겼으나, 2011년에는 아마도 '머스트 해브(MUST HAVE)' 아이템으로 올라설 전망이다.

태블릿PC 유행 역시 애플이 시동을 걸었다. 스마트폰으로 새로운 IT 기기에 대한 열망이 뜨거웠던 2009년과 2010년, 애플의 스티브 잡스가 아이패드라는 '신상'을 소개하면서 태블릿PC 시장이 본격적으로 확대됐다. 2010년 4월 아이패드가 모습을 드러낸 뒤 소비자들은 열광하며 '구매 전행'을 벌였고, 아이패드는 2010년 10월에 진짜로 '혁신적인 발명품' 1위에 올랐다. 스마트폰만큼 뜨겁지는 않았지만, 태블릿PC는 점차 '한번 가져보고 싶은 아이템'으로 소비자들의 장바구니 목록에 올라있다.

경쟁기업들은 대응 상품을 잇달아 내놨다. 애플의 대표적인 경쟁 기업인 삼성은 갤럭시패드라는 작품을 내놓고 세계 시장에서 아이패드와 일합을 겨루고 있다. HP, 델, 모토로라, 도시바 같은 컴퓨터 제조업체들이 모두 태블릿을 출시하겠다는 계획을 발표했다. 2011년 1월 초 미국 라스베이거스에서 열린 IT 전시회인 CES에서 80종이 넘는 태블릿 제품이 출품됐다. 애플 역시 아이패드2를 상반기에 출시함으로써 태블릿PC 경쟁이 한층 가열될 전망이다. 정보통신정책연구원에 따르면 국내 태블릿 PC 이용자 수는 2011년 180만 명에 이르고 2012년에는 383만 명에 이를 것으로 예상된다. 시장조사기관인 IDC는 전세계 태블릿PC 판매량을 2011년 4460만 대, 2012년 7080만 대로 전망했다.

애플 아이패드(태블릿PC)

장점 큰 화면(9.7인치)과 화려한 컬러, 터치스크린을 비롯한 편리한 조작. 이미지가 많은 단행본이나 잡지, 멀티미디어 콘텐츠를 보는데 좋다. 독서 외에도 다양한 기능이 있다.

단점 LCD 화면이라 독서를 하다보면 눈이 빨리 피로해진다. 가격이 비싸고 손에 들기에 다소 무겁다(680g).

태블릿PC를 '성인들의 또 다른 장난감' 정도로 생각하면 오산이다. 노트북, 휴대폰, 게임기 사이에 끼어있는 하나의 아이템만은 아니다. 태블릿PC는 새로운 형태의 콘텐츠 시장을 열어줄 것으로 기대된다.

가장 눈에 띄는 것은 전자책 분야다. 그동안 PC를 통해서 디지털 콘텐츠를 판매하려는 시도는 여러 번 있었으나 그리 성공적이지는 못했다. 2008년경부터 전자책 전용 단말기들이 나오면서 분위기를 잡더니 이제는 태블릿PC의 파도를 타고 전자책이 한 단계 도약할 태세다.

2011년 1월 27일 미국의 아마존은 2010년에 종이책보다 자사의 전자책 단말기인 킨들용 전자책을 더 많이 팔았다고 발표했다. 독자들이 종이책을 버리고 다른 매체로 이전하고 있는 것이다. 아이패드가 선보인 이후 전자책 관련 '어플'이 다수 등장했다. 국내에서도 인터파크, 교보문고를 비롯

아마존 킨들(전자책단말기)
장점 전자잉크를 써서 종이책에 가까운 느낌을 준다. 책을 오래 봐도 눈이 덜 피로하다.
가격이 저렴하다.
한 손에 들기에도 가볍다(240g).
단점 면이 작고(6인치) 흑백이다.
버튼을 누르는 방식으로 불편하고 독서 외에는 그다지 쓸모가 없다.

해 전자책 어플이 나왔다.

　전자책 중에서 눈에 띄는 것은 잡지와 신문의 변화다. 해외 유명 스포츠 잡지, 패션 잡지 등은 동영상과 컬러 화보 등 멀티미디어 기능을 활용해 소비자들의 시선을 모았다. 신문과 방송도 새로운 시도를 하고 있다. 신문이 점점 잡지의 형태를 띠면서 '데일리 매거진'으로 불리기 시작했다. 방송도 단순히 영상을 그대로 중계해주는 것이 아니라, 1분, 2분 등 짧은 영상과 기사, 하이퍼링크를 통해서 기존에 방송이 갖고 있지 못했던 심층성을 더했다.

　더욱 눈여겨볼 점은 콘텐츠 유료화가 시도되고 있다는 점이다. PC 기반 인터넷에서는 대체로 거의 모든 미디어들이 무료로 콘텐츠를 뿌린다. 뉴욕타임즈 등이 유료화 모델을 들고 나왔으나 성공하지는 못했다는 평가를 받았다. 이미 '인터넷=무료'라는 개념이 만연한 상태라, 몇몇 미디어 기업의 노력만으로 이를 뒤집지는 힘들었다. 그렇지만 철저하게 유료 전략을 쓰고 있는 애플은 아이패드 등을 내놓으면서 유료 모델의 가능성을 보여줬다.

　태블릿PC 사용자들이 많아지면서 앞으로는 신문, 잡지, 책 관련 콘텐츠가 급증할 것으로 예상된다. 이러한 추세는 태블릿PC에만

아이패드는 무선인터넷(WiFi)만 가능하면 근거리통신수단인 블루투스 키보드를 이용해 e메일로 문서를 주고받을 수 있다.

애플 아이패드의 어플
'아이북스'에 연결하면 내려받은
책이 책꽂이에 놓여있다.
책을 사려면 왼쪽 위 '스토어'
버튼을 누르면 된다.

머무르지 않고 미디어산업 전체의 기반을 바꾸어 놓을 것으로 예상된다.

바보상자의

스마트한 변신

'스마트' 해진 휴대폰, 태블릿PC 그 이후는 무엇일까. 일상생활에서 가장 많이 쓰는 가전이라고 할 수 있는 TV다. 말 그대로 TV에서도 스마트폰에서처럼 간단한 작동을 통해 인터넷에 접속하고 다양한 콘텐츠를 사용할 수 있게 된다.

현재 사용하고 있는 TV는 일부 IT마니아를 제외하면 거의 TV를 볼 때만 쓴다. TV야 말고 별 어려움 없이 남녀노소가 쉽게 사용할 수 있는 기기다. TV처럼 쉽게 컴퓨터와 휴대폰이 갖고 있는 대부분의 기능을 활용할 수 있다면 그야말로 IT혁명이라고 할 수 있다.

스마트TV는 TV 안에 PC의 윈도 같은 운영체제가 설치된다. 여기서 게임, MP3, 동영상재상 등의 기능뿐 아니라 트위터, 페이스북 등 소셜미디어의 이용과 웹서핑이 가능해진다. PC와 연결되지 않았더라고 TV 그 자체 또는 셋톱박스를 활용해 사이버 세상과 만나는 창이 된다. 이렇게 인터넷과 만난 TV인 스마트TV는 양방향 소통을 하기 때문에 브로드캐스팅과 내로우캐스팅이 동시에 만난 개념이라 할 수 있다.

스마트한 기기가

만들어내는 **'소셜'**한 세상 　　　　　　스마트한 기기들이 가져온 변화 중에서 빼놓을 수 없는 것이 바로 '소셜 네트워크 서비스'의 확산이다. 스마트폰 등장 이전에도 트위터, 페이스북 등 소셜 미디어 서비스가 있었지만, 스마트폰 열풍을 타면서 급속 확장된 것이다. 소셜 네트워크 서비스(SNS)는 사이버 공간에서는 물리적으로 큰 힘을 들이지 않고서도 사람들과 소통할 수 있게 한다. 인터넷 서비스를 통해 실제 친구와 손쉽게 소통할 수 있을 뿐 아니라 그동안 전혀 몰랐던 사람들도 쉽게 사귈 수 있다. 말 그대로 사이버 상에서 사교할 수 있도록 연결시켜주는 서비스를 SNS라고 말한다.

　세계적으로 화제가 되고 있는 페이스북, 트위터 등이 대표적인 SNS다. 트위터는 2006년 실리콘밸리의 벤처기업인 오비어스사가 처음 개설한 사이트다. '새가 지저귄다'는 뜻을 사이트 이름으로 지어 사람들이 인터넷상에서 많은 얘기를 지저귀듯 나눌 수 있게 했다. 2010년 말 트위터 가입자 수는 1억 4500만 명에 이르렀다. 같은 시기 우리나라 가입자 수도 228만 명

에 이른다. 2010년 한 해 동안 8.8배 이상 규모가 커졌다. 페이스북은 2004년 하버드대학교 학생이던 마크 저커버그가 설립한 SNS다. 2011년 초 회원이 6억 명이 이르는 세계 최대의 SNS며, 우리나라 가입자 수는 대략 200만명에 이른다.

이 같은 SNS는 '끼리끼리' 성격을 갖는 폐쇄적인 성격이 강한 기존 홈페이지, 커뮤니티 모임에 비해 훨씬 개방적이다. 원할 경우 자신이 구독하고 싶은 사람의 트위터, 페이스북을 보고 연결할 수 있다. 자신이 원하는 사람의 트위터, 페이스북을 별도의 허락 없이 구독할 수 있다. 원할 경우 취향이 비슷한 사람들의 모임을 만들어 오프라인 활동이 가능하다. 기존의 인터네 카페와 메신저 기능 등이 절묘하게 엮임으로써 사람들을 묶어주면서 동시에 소통도 자유롭게 했다.

그런데 컴퓨터에서 시작한 SNS가 스마트폰을 만나면서 날개를 달았다. 말 그대로 고정적인 PC를 넘어서 이동성이 강한 스마트폰을 통해 언제 어디서나 실시간으로 정보를 주게 받게 됐다.

국내 트위터 가입자의 약 78%, 즉 10명 중 8명 정도는 스마트폰을 통해 사용하는 것으로 집계됐다. 스마트폰의 작은 화면을 통해 지하철에서, 버스에서 또는 화재나 지진 현장에서 즉시 통신이 가능하기 때문이다. 실제로 서울 모처에서 불이 날 경우, 스마트폰의 디지털 사진기로 사진을 찍고, '서울 OO동 빌딩에서 불났어요. 인근에 계신 분 참고하세요'라고 메시지를 보내면 된다. 이 메시지는 트위터 상에서 '퍼나름(알티)' 되면서 순식간에 확산된다.

SNS는 단순히 취미생활이나 정보의 퍼나르기에 그치지 않는다. 사람들의 생활 방식에 큰 영향을 주며 더러 정권도 바꾸기도 한다. SNS를 이용하다보면 'A형 헌혈증 급구', '5살 아이를 찾아주세요', 'OO에 불났어요'라는 메시지를 종종 볼 수 있다. 어려움에 처한 사람들의 얘기가 스마트폰을 통해 전해지고, 사람들은 대응하기 시작한다. 헌혈증을 내겠다는 사람들이 모여서 수술에 성공한 얘기, 실종된 사람을 찾았다는 얘기, 불났다는 정보를 보고 다른길로 돌아갔다는 얘기 등등 따뜻한 얘기가 쉽게 전해진다. 전통 언론에서는 하기 힘들었던 소통의 역할이 스마트폰을 통해서 거의 실시간으로 전달되는 것이다.

스마트폰과 SNS가 정치에도 영향을 준다. 미국의 오바마 대통령이 후보 시절 트위터를 통해 자신의 정치적 동조자를 모은 것이 대표적이다. 2009년에는 이란에서 2011년 초에는 아프리카의 작은 나라 튀니지에서 정권이 흔들리는 일이 일어났다. 보도 통제로 전통언론이 힘을 발휘하지 못했지만 스마트폰 등을 사용해서 시위 소식이 거의 실시간으로 중계됐다. 이란은 이로 인해 정권 붕괴 위기를 맞았고, 튀니지는 결국 '혁명'으로 이어졌다. 특히 튀니지의 경우 전체 인구의 18% 가량이 페이스북 가입자였으며, 이를 통해 전세계로 튀니지 사태가 확산됐다. 튀니지의 혁명 이후, 이집트, 요르단, 리비아 등에서도 유사한 일이 계속 일어나면서 스마트폰과 SNS의 힘이 다시 한 번 입증되었다.

'스마트'한 세상에서는 더 이상 PC, TV, 휴대폰 등 하드웨어의 경계를 그대로 두지 않는다. 어떤 하드웨어를 사용하더라도 소비자들은 같은 콘텐츠를 보고 공유하게 된 것이다. 또한 일방적인 메시지만을 전했던 '바보상자'

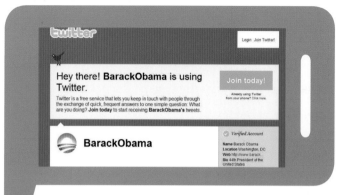

twitter.com/BarackObama

팔로잉 76만 명, 팔로어 196만 명의 초대형 규모를 자랑하는 오바마 대통령의 트위터(위 그림). 스마트폰인 '블랙베리'를 사용하는 오바마 대통령(아래 사진)은 트위터를 유권자와 소통하는 중요한 수단으로 삼고 있다.

가 양방향 소통을 통해 '인터넷+TV방송'을 하나로 엮게 될 것으로 보인다.

스마트폰에 이어 일어난 태블릿PC 습격, 그리고 이제 시작되는 TV의 스마트한 변신은 사회적 변화를 이끌 것으로 기대된다. 스마트폰, 태블릿PC, 스마트TV처럼 쓰기 쉬운 장치를 통해 10년 전에는 상상도 못했던 일들이 사회의 변화를 가져올 것으로 예상된다.

앞으로는 특정한 순간 내 옆에 있는 아무 전자장치를 사용하더라고 인터넷에 접속이 되며, 세계 각지의 사람을 전자장치의 버튼 몇 번 누름으로써 사귈 수 있을 것이다. 그래서 최근의 변화를 IT3.0으로 이동하는 순간으로 부른다.

나는 연결된다.

그러므로 존재한다! 근대 철학자인 데카르트가 현재 살고 있다면 아마 이 명제를 기반으로 철학과 수학책을 다시 써내려 갔을지 모른다. 전문가들은 정보통신 기기와 네트워크를 통한 소셜미디어는 일시적인 유행이 아니라 시대를 바꿀 새로운 트렌드라고 말한다. 《소셜노믹스》의 저자인 에릭 퀄먼은 "정보통신기술이 연결해준 '소셜미디어'는 산업혁명 이후 최대의 변화"라고 해석했다.

소셜미디어가 얼마나 빨리 사회 속에 퍼져나갔는지를 보면 짐작할 수 있다. 라디오가 5000만 명의 청취자를 확보하는 데 38년이 걸렸고, TV는 13년, 인터넷은 4년, 아이팟은 3년이 필요했다. 그런데 페이스북이라는 소셜미디어는 1년 만에 2억 명의 사용자를 모았다. 퀄먼은 "페이스북이 국가라면 세계에서 세 번째로 큰 나라"라고 이 책이 나오기 2년 전쯤 말했는데, 이 책을 접해서 읽을 때면 1위를 다툴지 모른다.

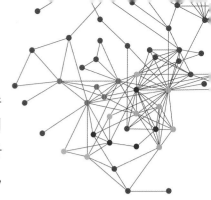

이쯤 되면 세계에서 '문명'이란 것을 접해본 거의 대부분의 사람들은 스마트 기기를 통해 소셜미디어를 사용할 것으로 예상된다. 퀄먼에 따르면 세계 인구의 절반 이상이 30세 이하며, 이미 이 중 96%가 소셜네트워크에 가입되어 있다. 시간이 5년이 지나고 10년이 지나 이들이 중년에 접어들 때면, 어떻게 될까. 모두가 어떤 방식으로 든 연결된다는 것은 명약관화하다.

앞으로는 소셜미디어를 통해 많은 상품이 오고갈 것으로 예상된다. TV 홈쇼핑, 인터넷 쇼핑몰이 불과 10여 년 만에 소비자들의 쇼핑 방식을 바꾸었듯, 소셜미디어를 통해서 오가는 상품에 대한 각종 '뒷담화', 즉 평가가 상품 구매를 결정하는 데 '결정적'인 역할을 할 것으로 예상된다. 과거에는 책, 신문, 잡지 등의 광고를 보고 고민하다가 '사야지'라고 결정했지만, 앞으로는 스마트 기기를 통해서 현장에서 가격을 비교하고, 그 제품을 산 소비자들의 평가를 실시간으로 듣고 사게 된다. 생활 전체가 소셜미디어와 연관돼 돌아가게 될 것이라는 말이다.

이제 전 세계가 시간적, 공간적으로 엮이게 된다. 그렇다면 정보통신이 만든 스마트한 세상에서 '스마트 하게 살기' 위해서는 무엇을 해야 할까. 전문가들은 '고정적인 사고'를 버리고 '유연하게 생각하기'를 강조한다. 아버지가 했던 농사를 아들이 배워서 농사짓고, 같은 방식을 그 아들에게, 손자에게 대대손손 물려주면서 수천 년을 지냈던 농경사회와 달리, 하루가 1000년처럼 변하는 시대기 때문이다. 유연하게 변화하는 재주가 없으면 유연한 사람들에게 결국은 이용당하고 도태될 수밖에 없다.

역설적으로 이처럼 점점 피곤해지고 바빠지는 세상에 저항하기 위해서라도 소셜미디어의 패턴을 잘 알아야 한다는 주장도 있다. 모든 것을 '오프'하는 것도 '온'되어진 스마트 세상에 대해 제대로 알아야 가능한 일이다. 그렇지 않은 주장은 그냥 아무도 듣지 않는 그래서 무시해도 될 만큼 작게 들릴 것이기 때문이다.

issue 10 로봇

로봇과 NBIC 융합

유범재

1985년 서울대학교 공과대학 제어계측공학 학사학위를 받았고, 1987년과 1991년 각각
한국과학기술원(KAIST)에서 전기및전자공학 석사학위와 박사학위를 받았다. 그 후 1994년까지 벤처기업인
(주)터보테크에서 근무하였고, 1994년 10월 한국과학기술연구원(KIST)로 옮겨 〈시각 기반 로봇〉에 대한
연구개발을 본격적으로 시작하였다. 현재 KIST 인지로봇센터장과 (재)실감교류인체감응솔루션연구단
단장을 맡고 있다. 2005년 1월, 로봇기술과 정보통신기술을 융합한 〈네트워크 기반 휴머노이드〉를 세계
최초로 개발하였고, 2010년 1월에는 세계 최고 수준의 〈가사도우미 인간형로봇 마루-Z〉을 개발하여
로봇이 일상생활속에서 사용될 수 있음을 알렸다. 현재는 2010년 10월부터 시작된 교육과학기술부
글로벌프런티어사업인 '현실과 가상의 통합을 위한 인체감응솔루션' 연구를 주도하고 있다.

로봇과 NBIC 융합

영화 〈터미네이터 4〉에 등장하는 마커스 라이트는 지뢰 폭발로 부상당한 자신의 몸이 로봇으로 만들어진 것을 보고 절규하고, 이를 지켜보는 저항군 지도자 존 코너는 '너는 인간인가 로봇인가?'라 하며 혼란스러워 한다. 마커스 라이트는 스카이넷에 의해 인간의 뇌와 심장을 기계에 이식하여 만들어진 터미네이터지만 사람의 자아의식을 갖추고 인간미를 느끼게 한다.

과거 공장에서만 사용되던 로봇들이 사람들과 같은 공간에서 생활하면서 즐거움과 도움을 주는 인간과 로봇의 공생시대가 10년 이내에 펼쳐질 것이 기대되고 있다. 하지만 아직 사람처럼 자연스럽게 대화하고 시시각각 변화하는 환경에 적응하여 스스로 판단하고 대응할 수 있는 수준은 되지 못하여 로봇 제품화의 큰 어려움으로 부각되고 있다. 로봇 과학자들은 자율적인 인지, 추론, 판단을 위한 신뢰성 높은 인공지능을 어떻게 구현할 지, 방대한 인공지능을 로봇에게 어떻게 부여할지 고민을 거듭하고 있다.

세계 최초로 이 고민을 극복하고 지능형 로봇의 상용화를 실현하는 국가는 자동차와 정보통신 산업 이후 미래 세계 경제의 주도권을 확보할 것으로 보인다. 특히 노령화 사회를 위한 새로운 솔루션을 제시함으로써 복지국가 실현을 위한 기틀을 마련하게 될 것이다.

과학자들은 여러 가지 논란에도 불구하고, 인체에 전극을 삽입한 후 뇌파 혹은 근전도를 사용하여 로봇을 움직이는 연구를 하고 있으며, 손, 팔, 다리, 장기 등 신체의 일부를 로봇으로 대체하여 인체를 개선하기 위한 연구를 추진하고 있다. 스타워즈 혹은 터미네이터와 같은 영화에서나 상상할 수 있었던 생활이 로봇 기술과 NBIC 기술의 융합을 통해 실현될 것이다. NBIC 융합이란 나노기술(NT), 바이오기술(BT), 정보통신기술(ICT), 인지과학(CT) 등과 기존 기술의 융합을 통해 그 한계점을 극복하고 혁신적 방향을 찾아가기 위한 새로운 접근방식으로, 미래 기술발전 메가트렌드로 인식되고 있다. 이런 시대가 되었을 때 우린 몇 가지 근본적인 질문에 답변해야 할 것이다.

인공지는로봇, 트랜스휴먼 시대를 넘어
포스트휴먼 시대로

과학자들은 컴퓨터와 로봇의 인공지능 실현을 위해 인간의 인지, 추론, 판단 및 행동 원리를 연구해온 인지과학의

영화 〈터미네이터 4: 미래 전쟁의 시작〉의 한 장면. 터미네이터는 인간과 로봇의 모호한 경계를 다룬 대표적인 영화다.

성과를 활용할 수 있을 것으로 기대하고 다양한 융합연구를 추진하고 있다. 이와 함께 방대한 인공지능과 콘텐츠를 로봇에게 부여하고 이를 활용할 수 있도록 로봇과 외부의 대용량 컴퓨터를 무선 네트워크로 연결하는 정보통신 기술을 결합한 네트워크 로봇 연구도 함께 진행하고 있다. 이를 통해 사람과 자연스러운 대화가 가능하고 환경변화에 스스로 적응할 수 있는 인공지능을 갖춘 로봇들이 개발되고 있다.

마루와 소녀시대의 유리가 흥겹게 춤추는 모습.

예를 들면 만물박사 인공지능 로봇, 노인들의 일상생활을 돕고 보살필 수 있는 생활지원 로봇, 노약자의 건강 검진, 응급 처치, 심리치료 등을 수행하는 노인 케어 로봇, 주부의 가사노동을 덜어줄 가사도우미 로봇, 학생의 학습 및 여가생활을 도와주는 로봇, 선생님의 수업을 도와주는 교육보조로봇, 실내외에서 원하는 곳까지 자율적으로 이동할 수 있는 로봇 말이다. 이 로봇들이 제품화되면 로봇은 우리와 같은 생활공간에서 일상생활을 도와주는 간호사, 친구, 교사, 집사 등과 같은 익숙하고 친밀한 존재로 자리매김할 것이다.

사용자에게 교통정보를 제공하는 내비게이션 장치에 익숙해진 사람이 이 장치를 떼어내고 안내방송이 없어지면 큰 허전함을 느끼는 것처럼 사람에게 더욱 친근하게 다가올 로봇을 어떻게 생각해야 할지 혼란을 느끼게 될 것이다. 이때 우리는 어느 수준의 인공지능을 로봇에 탑재하는 것을 인정할 것인가 또는 인간의 지식이나 지능을 뛰어넘는 로봇을 어느 수준까지 인정할 것인가? 그리고 로

186

봇을 낮은 수준이더라도 인격체로 인정할 것인가? 로봇과 정이 들고 친해진 어린이들에게 "이 로봇은 고장 났으니 버리자"라는 말을 자연스럽게 할 수 있을까?

전쟁에서 신체의 일부를 잃거나 불의의 사고에 의해 신체 일부를 잃은 사람들을 위해 아직 단순한 기능이긴 하지만 로봇 또는 IT 기기들이 인체와 연결되거나 인체에 삽입되어 사용되고 있다. 인간의 손과 다리를 대신하는 의수와 의족, 청각 기능을 대신하는 인공 귀, 인공 심장 등이 대표적인데, 가까운 미래에는 인간의 생체신호와 연결되어 더욱 자연스럽게 움직일 수 있고 시각, 촉각 등 감각까지 대체할 수 있는 수준으로 발전할 것이다. 또한, 인간의 평균수명이 연장되면서 신체기능이 약화되는 일반인들도 이러한 로봇과 IT 기기를 신체의 일부처럼 사용하게 되는 트랜스휴먼 시대를 거쳐 영화 〈터미네이터 4〉의 마커스 라이트와 같은 존재가 활동하는 포스트휴먼 시대가 올 것이다. 여기서 마커스 라이트가 우리의 옆에 있다면 '이 존재는 인간인가 로봇인가?'는 혼란스러움에 봉착하게 될 것이다.

네크워크
로봇이란?　　　　　미래학자들은 NBIC 융합기술의 발전으로 인해 2020년경 인간과 기계의 경계가 허물어지기 시작할 것이다. 2030년에는 기계의 지능이 인간의 지능을 능가하기 시작하는 특이점에 도달하고 현실과 가상의 경계가 사라져 시공간적 한계가 허물어질 것이다. 또한 2040년 인체의 일부를 기계로 대체한 트랜스휴먼이 일반화되는 시대가 올 것으로 예측하고 있다.

최근 IBM의 슈퍼컴퓨터 '왓슨(Watson)'은 두 명의 퀴즈달인과의 퀴즈쇼에서 사회자의 질문을 이해하고 애매모호한 문제에도 잘 답변해서 우승하였다. 직접적인 표현이 아닌 은유적인 표현을 사람들이 사용하는 방식으로 표현한 대화를 듣고 문제를 푸는 방식으로 진행되었지만, 컴퓨터의 사용자 인터페이스 및 인공지능 분야의 획기적 발전을 알렸다. 전문가들은 가까운 시일에 대화 형식으로 원하는 정보를 찾을 수 있는 검색 프로그램이나 최

슈퍼컴퓨터 '왓슨'이 사람과 퀴즈 대결을 벌이고 있다. 애매모호한 문제도 잘 맞혀 왓슨이 우승했다.

신 의학 정보나 가능한 치료법을 의사에게 자동으로 제공할 수 있을 것으로 예상한다. 또한, 많은 회사에서 안내원들을 통해 운영하고 있는 콜센터가 컴퓨터로 대체될 수도 있을 것이다.

2004년 한국에서는 'URC(Ubiquitous Robotic Companion)'로 이름 지어진 네트워크 로봇 개념이 제시되었다. 기존 로봇 기술에 한국이 강점을

가지고 있는 정보통신 기술을 융합하여 새롭게 탄생한 개념이다. 예를 들면, 휴대폰의 기지국과 같은 곳에 대형 서버컴퓨터를 두고 이를 로봇과 유무선 네트워크를 통해 연결함으로써, 로봇에게 다양한 지식과 인공지능을 제공하여 로봇의 부가가치를 올리는 방식이다. 즉, 로봇을 핸드폰과 같은 '운동기능을 갖는 이동통신 단말기'로 정의하고, 인터넷에 연결된 핸드폰을 통해 다양한 정보를 사용자가 얻는 것과 같은 방식으로 로봇에게 인공지능을 포함한 다양한 서비스 콘텐츠를 실시간으로 제공하는 방식이다. 이를 통해 한국과학기술연구원(KIST)에 의해, 2005년 세계 최초 네트워크 기반 휴머노이드 '마루'와 '아라'가 개발되었고, 2010년 1월 가사도우미 인간형로봇 '마루-Z'가 탄생하였다.

현재는 인지과학 분야에서 발견된 인간의 인지-추론-동작의 원리를 도입하여 자율성과 학습능력을 갖춘 인지 휴머노이드 로봇 개발을 위한 연구를 추진하고 있다. 최근 국내에서는 네트워크 로봇이라는 표현을 많이 사용하지 않고 있으나, EU, 일본, 미국 등에서는 로봇기술을 정보통신기술(ICT)로 분류하여 정부 차원에서 지속적으로 지원하고 있다.

또한, 미국의 로봇회사 아이로봇과 애니봇은 원격지에 있는 사람을 대신할 수 있는 로봇 제품을 선보였다. 원격지 사람의 영상과 음성 정보를 로

KIST(한국과학기술연구원)
유범재 박사팀이 개발한
휴머노이드 마루와 아라.
왼쪽 사진은 음료수를
서비스하는 마루M.

한국과학기술연구원(KIST)이 만든 두발로봇 마루Z의 손.
국내에서 두발 로봇에게 집게형 손을 붙인 것은 마루Z가 처음이다.
'그리퍼(집게)' 방식의 단순한 구조지만 집게 밑에 작은 손가락을
하나 더 달아 주방기구 스위치를 조작할 수 있게 만들었다.
집게의 길이는 7.5㎝로 쟁반이나 음식바구니,
컵 등을 잡을 수 있다.

봇에 탑재된 모니터와 스피커를 통해 제공하고, 로봇과 함께 있는 사람의 영상 및 음성 정보를 로봇에 장착된 영상 카메라와 마이크를 통해 원격지 사람에게 보냄으로써 두 사람의 교류가 가능하게 하였다. 즉, 미국에서 열리는 회의에 한국에 있는 내가 직접 갈 수 없을 때 나를 대신할 수 있는 로봇을 보내 회의에 대리 참석할 수 있다는 말이다. 그리고 멀리 떨어져 계신 부모님을 직접 찾아뵙지 못하더라도 로봇을 통해 대화하고 보살펴 드릴 수 있는 방법이 서서히 생겨나고 있는 것이다.

로봇 선진국들의
인종지능 서비스로봇 개발   한국의 교육과학기술부와 로봇기반교육지원단은 로봇전문 회사 유진로봇과 다사로봇 등을 통해 유치원에서 교사의 수업을 도울 수 있는 교육보조로봇을 국내 유치원에 보급할 예정이다. 2011년 국내 대부분의 공립 유치원에 보급될 것으로 예상된다. 이는 과거 로봇이 모든 지능을 갖춘 독립적인 존재로 교사의 역할을 할 수 있다는 생각을 과감하게 버린 것이다. 전국의 유치원 교사들이 동일한 수준의 교육을 진행할 수 있도록 교육보조로봇을 통해 일정 수준 표준화된 교육 콘텐츠를 제공한다. 또한 어린이들이 로봇과 함께 친구처럼 지낼 수 있는 환경을 제공하며, 교사들이 정리할 자료들을 로봇이 정리할 수 있도록 하여 교사를 도와줌으로써 교육의 질을 높이는 역할을 하고 있다.

이것은 로봇이 네트워크를 통해 유치원 내 교육용 서버컴퓨터와 연결되어, 다양한 교육 콘텐츠들을 전문기업은 물론 교사와 학부모가 작성하여 제공할 수도 있다. 학생들의 유치원 활동 및 교육 정보를 교사가 학부모에게 바로 전달할 수 있는 정보통신 환경을 제공함으로써 가능해졌다. 또한, 어린이들은 일정 위치에 고정된 모니터를 바라보면서 교육을 받는 것이 아니라 자신들과 함께 율동하고 행동하는 로봇과 교육받음으로써 큰 즐거움을 느끼게 되었다.

일본의 도요타와 미쓰비시는 2013년부터 홀로 사는 노인들의 생활을 지원해 줄 수 있는 로봇을 제품화하겠다고 발표하였다. 당시 집 안에서 빗

자루를 들고 식탁의자를 옮기면서 청소를 대신하고, 빨래들을 모아 세탁기에 집어넣고 세탁기를 동작시키는 등 실제적으로 서비스를 제공하는 모습을 선보였다. 또한, 두 회사는 일반가정에서 로봇을 사용하는 실험을 지속적으로 진행하면서 실생활에서 발생하는 문제점들을 분석하고 보완해 나가고 있다. 최근 일본에서는 서비스로봇을 출시할 때 안전성, 신뢰성 등을 테스트하고 검증하기 위한 전담 기관을 설립하고 운영하기 시작하였다.

이처럼 인공지능을 갖춘 로봇들이 우리의 일상생활 속으로 들어올 날이 멀지 않았음을 알 수 있다. 따라서 인간보다 똑똑한 로봇이 탄생할 가능성도 크다. 이와 함께 사람의 생체신호를 사용하여 로봇을 움직이는 연구도 지속적으로 진행되고 있다.

일본의 혼다는 사람의 머리에서 뇌파를 측정하는 다수의 EEG(Electro Encephalo Graphy) 및 NIRS(Near-Infrared Spectroscopy) 센서들이 장착된 헤드셋을 만들어 착용하고, 인간형 로봇 '아시모'에게 운동명령을 전달하는 모습을 2009년 선보였다. 사람이 오른손, 왼손, 혀, 발 등을 움직이는 생각을 하면 아시모가 이에 대응하는 동작을 하도록 하였다. 비록 간단한 운

일본 혼다에서 개발한 휴머노이드 아시모가 계단을 자연스럽게 올라가고 있다.

동명령을 수행한 것이고, 명령 수행을 위한 뇌파 신호처리를 위해 로봇보다
더 큰 컴퓨터를 사용하였지만 뇌파를 사용한 로봇 실시간 제어의 가능성
을 보여주었다. 혼다는 향후 발전될 뇌파 인터페이스 기술을 로봇, 인공지
능 기기와 가전 기기 등의 제어에 적용할 수 있을 것으로 예측하고 있다.

　미국 카네기멜론대학교와 피츠버그대학교는 원숭이 뇌에 인간 머리카
락 굵기의 전극을 꽂고 원숭이의 한 팔을 로봇으로 대체한 후, 원숭이가 스
스로 뇌파를 통해 로봇 팔을 움직여 눈앞에 보이는 마시멜로와 과일을 집
어서 먹는 실험을 2008년 성공적으로 수행하였다. 전극은 원숭이 뇌의 운
동명령이 전기적인 신호로 전송되기 시작하는 뇌의 동작 코텍스(Motion
Cortex) 내 신경 경로(Neuronal Pathways)에 삽입되었다. 컴퓨터는 100여개
신경으로부터 출력되는 신호들을 처리하여 팔의 동작을 위해 유효한 정보
를 추출하였다. 원숭이의 뇌파 신호를 직접 사용하여 로봇 팔을 움직인 것
으로 이 기술은 사람을 위한 의수 개발에 큰 도움을 줄 것이다.

　미국 시카고 재활연구소에서는 이라크 전쟁 등에서 팔과 손을 잃은 군
인들에게 로봇 기술을 활용하여 잃어버린 팔과 손을 돌려주기 위한 연구
를 오랜 기간 진행해오고 있다. 특히, 신경과학, 의학, 로봇, 심리학 등 다양
한 분야의 과학자들이 함께 융합연구를 진행하
고 있다. 인체의 손과 팔을 대체하기 위한 의수
기술, 근전도 신호(EMG)를 이용한 의수 제어기
술, 인체 신경을 활용한 감각 재생기술 등이 연구
개발되고 있다. 최근에는 의수를 신체의 일부로
느끼도록 할 수 있는 방법을 새롭게 발견하기도
하였다.

　인공 와우를 사용하여 청력을 보강하고, 인공
심장을 사용하여 심장기능을 대체하며, 신체의
일부가 떨리는 증상을 보강하기 위해 전기적 자
극을 뇌에 전달하는 장치를 사용하는 것은 이미
의학 분야에서는 많이 이용되고 있다.

　영국 레딩대학교의 케빈 워릭 교수는 자신의

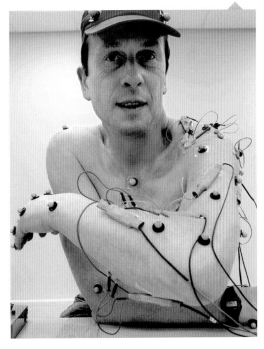

레딩대학교의 케빈 워릭 교수가
자신의 몸에 기기를 실제로
삽입한 후 실험하고 있다.

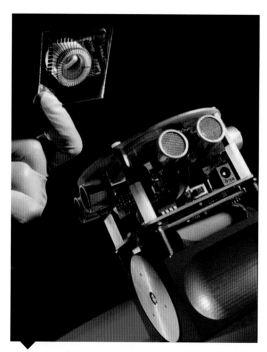

레딩대학교 벤 월리 박사가 개발한 로봇 '고든'. 생쥐의 뇌세포가 판단하고 명령하는 대로 움직이는 로봇이다.

왼쪽 팔 중간 신경계에 정보통신 디바이스(Utah Array/BrainGate)를 수술을 통해 삽입(Neurosurgical Implantation)한 후, 자신의 운동 신경계를 컴퓨터, 의수 혹은 이동로봇과 직접 연결하기 위한 연구를 진행하고 있다. 또한, 인체에 초음파를 사용하여 입력신호를 제공하는 방식으로 두 사람간의 전자통신에 대한 실험을 성공적으로 수행해 관심을 모으기도 했다.

2008년 레딩대학교의 벤 월리 박사는 생쥐 뇌세포의 일부를 초음파 센서를 장착한 이동로봇과 연결한 후, 초음파 센서에서 입력되는 정보를 뇌세포에 제공하고 뇌세포의 판단과 운동명령에 따라 움직일 수 있는 로봇, '고든(Gordon)'을 개발하였다. 실제 실험을 통해 벽면이 나타나는 경우 충돌하지 않고 움직일 수 있도록 뇌세포가 로봇을 제어할 수 있음을 성공적으로 검증하였다. 뇌세포의 기억원리 분석을 위해 많은 도움이 되었다고 발표하였으나, 이미 뇌세포와 로봇의 직접적인 연결을 위한 연구는 시작되었다고 볼 수 있겠다.

인간과 로봇의
경계는?

향후 2020년경이면 일상생활 속에서 로봇은 매우 친숙한 존재로 자리를 잡을 것이다. 무인운전 자동차도 상용화되고, 인간처럼 두 발로 걸으면서 서비스를 제공하는 인간형로봇도 2030년경 상품화되기 시작할 것이다. 사람들은 더욱 힘든 노동을 싫어할 것이고, 일부의 인간이 그런 일을 한다고 해도 그 비용을 감당하기 쉽지 않을 것이다. 이와 함께 로봇이 더욱 인간과 유사하고 친숙한 방법으로 똑똑하게 일을 처리하고 마무리하여 주길 기대할 것이며, 이를 위해서는 더 높은 수준의 지능과 지식이 로봇에게 제공될 것이다.

물론 대다수의 과학자들은 로봇이 사람보다 많은 지식을 가질 수 있으나 사람과 같은 추론, 판단, 창조, 감성 능력을 갖추려면 아직도 매우 많은 시간이 필요할 것으로 예측하고 있다. 하지만 미래학자들은 2030년경 기계의 지능이 인간의 지능을 능가하기 시작할 것이라고 경고하고 있다. 이에 따라 정보통신 기술, 인지과학 기술 및 인공지능 기술의 융합에 따라 로봇이나 컴퓨터가 인간보다 많은 지식과 우수한 지능을 갖추게 되면 우리는 로봇을 어떻게 생각하여야 할 것인가? 로봇이 인간보다 똑똑하다는 것을 체험하게 될 때 편리한 생활과 인간의 우월성 중 하나를 선택하여야 하지 않을까?

또한, 식생활과 의학의 발달에 따라 인간의 평균수명이 길어짐에 따라 이미 평균수명이 90세에 육박하고 있다. 향후 평균수명이 더 길어지면 점점 퇴화되어가는 육체와 뇌의 기능을 유지하고 개선하기 위한 노력이 지속적으로 전개될 것이다. 필요한 경우 인체의 일부를 정보통신 디바이스, 기계 혹은 컴퓨터 등으로 대체하는 것은 수명 연장 및 건강한 생활을 위해 자연스러워질 것이다. 그리고 인간의 건강한 뇌와 심장을 평생 보존할 수 있는 방법이 없을지, 육체는 로봇으로 대체할 수 없을지 진지하게 고민하게 될 것이다. 영화 〈터미네이터 4〉에 출현하였던 '마커스 라이트'가 과연 탄생하지 않을 것으로 장담할 수 있을까? 과연 인간과 기계의 경계가 어디인가에 대해 대답해야 할 것이다.

한국생산기술연구원이 개발한 입는 로봇 '하이퍼(HyPER)'는 기름의 압력을 이용하는 유압식 액추에이터 방식으로 만들어 졌다. 로봇의 관절 앞, 뒤로 연결된 실린더와 피스톤이 보인다.

인간과 로봇이 만드는
새로운 가치공간

인간은 인류학 분류상 호모 사피엔스로 정의된다. 향후에는 인체의 일부를 적절한

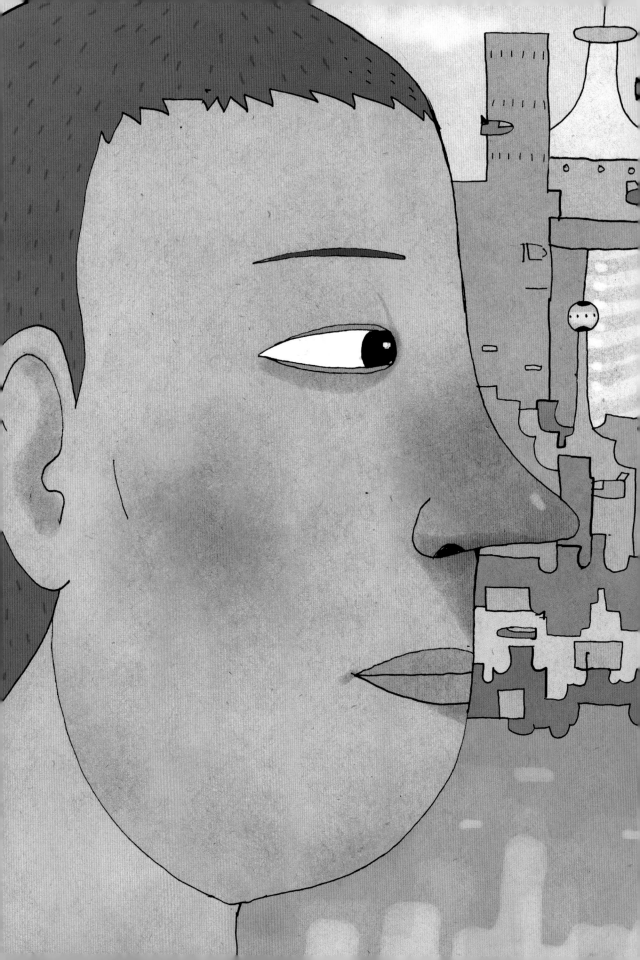

컴퓨터와 기계로 대체한 트랜스휴먼을 거쳐, 인체의 대부분을 컴퓨터와 기계로 대체한 포스트휴먼이 탄생할 것으로 미래학자들은 예측하고 있다. 이것을 새로운 인류라고 정의할 수 있을까? 귀찮은 일상생활은 서비스 로봇들의 도움을 받아 영위하고, 고령화 심화에 따라 인체의 기능과 건강을 유지하기 위한 인체 대체, 증강을 위한 새로운 문화가 만들어질 것이다. 인간이 영생을 위한 욕망을 놓지 않는 한 이러한 시도는 지속적으로

트랜스휴머니즘은 과학과 기술을 이용해 인간의 성질과 능력을 개선하려는 노력으로 만들어진 것이다.

TRANSHUMANISM

진행될 것이며, 이는 새로운 인간의 종을 정의하도록 강요할 듯하다.

이와 함께 현실세계, 가상세계, 원격세계의 경계가 없어지는 시대가 올 것이다. 이미 극히 일부이긴 하지만 컴퓨터 게임을 통해 가상세계와 현실세계를 구분하지 못하는 사람들이 있는 것처럼, 가상세계와 내가 지금 당장 갈 수 없는 원격세계를 일반인들이 마치 현실처럼 느낄 수 있는 다양한 실감교류 인체감응솔루션이, 로봇, 가상현실, 정보통신, 인지과학 및 바이오 기술의 융합을 통해 개발될 것이다. 이를 통해 사용자가 개인용 컴퓨터 PC 속으로 들어가 정보를 만지면서 작업하고, 전장에 직접 뛰어들어 스타크래프트 게임을 하며, 원격지의 많은 사람들이 같은 장소에 함께 모여 악수를 하고 가상회의를 하고, 집에 홀로 계신 부모님을 위해 멀리 떨어져 있는 내가 직접 안마를 해드릴 수 있게 될 것이다.

이와 같이 생체신호와 연동되어 인간의 의도와 감정을 인식할 수 있고, 가상세계와 원격세계의 느낌을 그대로 사람에게 전달할 수 있다면, 사람들이 서로 교류하고 생활할 수 있는 새로운 가치공간이 만들어질 것이다. 새로운 가치공간은 우리가 영위하는 일상생활 공간을 혁신적으로 확장하면서 신개념 미디어 서비스를 제공함으로써 새로운 생활문화를 창조해 갈 것이다.

issue 11 과학자

세계 속의 한국 과학지

박건형

성균관대학교에서 신문방송학과 화학공학을 전공했다. 2002년 《중앙일보》에서 기자 생활을 시작했으며,
IT전문기자로 《디지털타임스》에도 몸담았다. 2007년부터 《서울신문》 과학전문기자, 사회부, 경제부, 미래부,
국제부 등을 거쳐 2010년 유럽순회특파원을 지냈다. 자연과학과 사회과학의 통섭에 특히 관심이 많아,
'신다빈치 프로젝트', '한국의 미래', '녹색성장의 비전' 등의 장기 기획을 주도했다. '유럽의 지성을 만나다',
'석학대담' 등을 통해 노벨상 수상자 및 학계 권위자와의 인터뷰를 진행하고 있다.

세계 속의 한국 과학자

특별한 지하자원도 없고 넓은 땅을 갖지도 않은 나라. 반으로 갈라진 처지에 세계 최대의 강대국인 미국, 중국, 러시아, 일본의 영향력에서 벗어날 수 없는 나라. 속을 알 수 없는 세계 4위의 군사대국과 60년 넘게 총부리를 겨누고 있는 나라. 대외적인 요소만으로 대한민국을 둘러싸고 있는 환경을 긍정적으로 표현하기란 정말 쉽지 않은 일이다.

그럼에도 불구하고 한국은 '제2차 세계대전 이후 가장 성공한 나라'라는 찬사가 아깝지 않은 나라다. 폐허 속에서 끼니를 걱정해야 했던 한국은 이제 세계 10위권의 경제대국이 됐다. 농사가 '천하지대본(天下之大本)'이라고 생각하던 나라는 옷과 인형을 주문받아 만들어 공급하는 단계를 거쳐 이제 세계 어느 곳에서나 'Made in KOREA'가 찍힌 최첨단 상품을 팔고 있다. '한강의 기적'은 세계 최대의 경제대국을 노리는 중국을 비롯해 동남아와 아프리카, 중남미 국가들의 지향점이 된지 오래다.

학계와 경제계에서 한국의 성공을 연구하는 학자들은 입을 모은다. 한국의 힘은 '한국인', 다시 말해 '사람'에서 나온다고 말이다. 1970~1980년대 공장에서 밤낮없이 피땀 흘리며 경제성장의 토대를 만들어낸 아버지 세대에서도 가장 중요한 것은 '사람'이었고, 기술력으로 전세계 정보기술(IT) 강국 반열에 올라선 지금 세대에서도 가장 중요한 것은 '사람'이다. 한국사회의 미래 역시 '사람'에 있다. 누가 조금이라도 더 뛰어난 인재를 키워내고 그 역량을 발휘할 수 있도록 돕느냐가 성공의 관건이라도 해도 과언이 아니다.

꾸준한 성장을 이뤄왔지만 한국의 성장을 주도하는 '사람'은 항상 같은 형태의 필요성을 가진 것은 아니었다. 과거 우리나라에서 가장 중요한 것은 '사람의 수'였고 '기술의 숙련도'였다. 질 좋은 상품을 더 많이 만들어내기 위해 산업현장에서는 '장인정신'이 강조됐고, 실제로 한국인의 힘은 '우수한 상품', '기능올림픽 금메달'로 입증됐다.

그러나 산업구조가 급속히 최첨단 산업으로 옮겨가면서 '사람'보다 '인재'라는 말이 더 중요하게 쓰이기 시작했다. 섬유, 봉제 등에서 산업의 중심이 가전, 자동차가 부상하자 이공계로 대거 우수한 학생들이 몰려들기 시작했고 해외 유학도 봇물을 이뤘다. '다음 제품' 대신 '다음 세대'와 '미래 산업'에 대한 관심이 높아졌고, 국가와 기업은 연구개발에 많은 돈을 투자했다. 특히 반도체와 이동통신 분야에서 한국은 기술력와 인재의 가치를 제대로 입증했다. 후발주자임에도 일본과 미국 등 선도국들을 손쉽게 따라잡았고 이는 '교육'으로 '인재'를 만들어낸 한국의 저력을 나타내는 상징적인 사건으로 거론된다.

'1%의 영감과
99%의 노력'의 맹신도들

민구제그룹인 플래닛 파이낸스 회장이자 유럽 최고의 지성으로 꼽히는 자크 아탈리는 "한국의 힘은 사람에 대한 투자와 그 사람들이 일궈내는 역동성"이라고 평가했다. 메사추세츠공과대학교(MIT)에 미디어랩이라는 전대미문의 조직을 만들어낸 니컬라스 네그로폰테 교수는 "정보기술(IT) 분야에서 한국이 짧은 시간에 일궈낸 성과는 그 어떤 나라에서도 불가능한 수준"이라며 "사람을 중요시하는 한국의 교육열은 미국이나 유럽을 넘어설 수 있는 근본적인 가치"라고 말했다.

하버드대학교, 스탠포드대학교, 컬럼비아대학교 등 유수의 대학교와 미국립보건원(NIH), 독일 막스플랑크재단, 일본 이화학연구소(RIKEN) 등 세계적인 연구소에서 만난 책임자들에게 한국 학생이나 연구원들에게 대해 물어본다고 치자. 어떤 이는 엄지손가락을 치켜들고, 어떤 이는 고개를 설레설레 젓는다. 고개를 저은 이유는 "일을 못하거나 게을러서"가 아니다. "일밖에 모르기 때문"이다. 실제로 대부분의 한국 과학자들은 "천재는 1%의 영감과 99%의 땀으로 이뤄진다"는 말을 남긴 발명왕 토마스 에디슨의 맹목적인 추종자다. 국내외에서 수많은 업적을 쌓은 한국 학자들을 만나보면 자신의 성과에 대해 뻐기는 것보다는 이루지 못한 미래상을 제시하는 경우가 많다. 2005년 대한민국 최고과학기술인상, 2006년 올해의 과학기

자크 아탈리 회장(왼쪽)과 네그로폰테 교수.

연료전지 연구로 유명한
KAIST 화학과 유룡 교수.

술인상을 수상하고 2007년 국가과학자가 된 유룡 KAIST 화학과 교수의
논문은 수천 회나 인용되며 높은 가치를 인정받고 있다. 그러나 유 교수의
강의와 인터뷰에서 듣게 되는 내용은 그의 논문이 얼마나 대단한지가 아니
라 그가 아직 이루지 못한 연료전지의 미래에 대한 모습들이다. 은퇴가 가
까운 과학자지만, 여전히 '꿈꾸는 소년'의 초심을 잃고 있지 않은 셈이다. 이
처럼 노력하는 자세는 다른 나라 과학자들의 입장에서는 신기하기만 한 모
양이다. 2000년 노벨 화학상 수상자인 앨런 히거 캘리포니아 산타바바라
대학교 교수는 유독 한국 기업이나 대학들에 많은 관심을 갖고, 공동연구
를 진행하고 있다. 그는 "한국 과학자나 기업들은 자신의 책임을 다하는 것
에 그치거나 만족하지 않는다"면서 "하나를 끝내기 전에 이미 다른 단계를
생각하고 있고, 프로젝트를 제대로 마무리하지 못하는 것을 가장 큰 치욕
으로 생각한다"고 평가했다.

한국 과학의
장애물들
한국과 한국 과학자들에 대한 평가가 언제나 긍정
적인 것은 아니다. 이는 곧 한국이 노벨과학상을 지금까지 수상하지 못한

이유와도 맞물려 있고, 한국이 'IT강국'이기는 하지만 아직까지 세계적으로 '과학강국'으로 인정받지 못하는 이유에 대한 고찰이기도 하다. 서울대학교 물리학과 교수였고, '은하도시'라는 이름으로 과학비즈니스벨트를 처음 고안해낸 민동필 기초기술연구회 이사장은 "한국 과학은 아직까지 세계적인 수준에 도달하지 못했다"고 잘라 말한다. 그는 "과학기술 발전에 큰 영향을 미치는 논문을 분석해보면 절반 정도는 여전히 미국에서 발표된다"면서 "절반의 3분의 2는 유럽이고, 나머지 3분의 1을 놓고 한국과 일본, 중국, 인도나 나눠가지는 형국"이라고 분석했다. 민 이사장이 말하는 가장 중요한 원인은 '창의력'과 '시스템'에 있다. 노벨과학상 수상자를 배출하지 못한 이유로 같은 맥락에서 해석할 수 있다. 노벨과학상 수상자들은 대부분 20대 후반~30대 중반 사이에 업적을 쌓는다. 이전에 누구도 상상하지 못했고, 밝혀내지 못했던 '새로운 것'이 가치의 핵심이다. 이 업적이 십 년에서 수십 년 사이에 인류의 생활과 기술, 과학을 바꾸는 혁명으로 이어지고 그 후에 노벨과학상을 수상하게 되는 것이다.

민동필 기초기술연구회 이사장.

혹자는 이를 두고 한국 과학의 역사가 너무 짧아서라고 말하고, 다른 사람들은 창의성을 키우지 못하는 교육시스템의 구조를 얘기한다. 정책적인 부분을 논하는 사람도 있다. 세계 식물학계에서 유전자변형(GM) 작물 연구의 권위자로 평가받는 최양도 서울대학교 농생명과학부 교수는 "한국에서 개발한 GM을 만든다고 해도 현재로서는 산업화시킬 방안이 마땅치 않다"면서 "산업화가 되지 않는 작물 연구는 결국 외면 받게 돼 있고, 이는 연구 자체의 위축으로 이어진다"고 개탄했다. 최 교수가 평생을 바친 연구결과물은 지난 2007년 독일 BASF 사에 기술 이전 됐다.

엄마와 과학자,
양립하는 역할

아직까지 한국과학은 갈 길이 멀다. 그러나 오늘날 한국 과학계의 낭중지추이자, 미래 과학도들의 롤모델이 될 학자들을 찾기란 어렵지 않다. 과거 이휘소 박사처럼 전설이 될 실력과 요소를 모두 갖춘 사람들이다. '세계를 이끈다', '세계 최고'라는 말이 무색하지 않은 과학자들을 만나는 과정은 정치인이나 연예인을 인터뷰하는 것보다 훨씬 힘든 고난의 연속이다. 강의나 세미나가 잦은 탓도 있지만, 무엇보다 이들은 '연구할 시간'을 다른 일에 빼앗기는 것 자체를 달가워하지 않기 때문이다.

RNA 연구로 주목받는 서울대학교 김빛내리 교수가 대표적이다. 1992년에 서울대 미생물학과를 졸업한 그는 채 마흔이 되기도 전인 2007년 젊은 과학자상, 2008년 로레알 유네스코 세계여성과학자상을 수상했다. 그가 꼽는 첫 번째 비결은 철저한 시간 관념이다. 모든 일에 우선순위를 정하고 초를 나눠 생활하는 김 교수에게 연구 이외에 중요한 것은 아이들뿐이다.

2008년 로레알-유네스코
세계여성과학자상을 수상한
김빛내리 교수(배경 사진)와 함께
상을 수상한 여성 과학자들.

김 교수를 처음 만났을 때 그는 "두 아이의 엄마가 과학자로 산다는 것"에 대해 먼저 얘기를 꺼냈다. "아이를 낳고 연구를 진행하면서 많이 울었다", "가끔은 연구를 포기할까도 생각했다"는 것이 그의 하소연이었다. 엄마 과학자로서의 이 같은 하소연은 비단 김 교수만의 얘기는 아니다. 배출가스 중 이산화탄소만 포집하는 기술을 개발해낸 백명현 서울대학교 화학부 교수는 "부부 과학자 중 아내로서 집안일이나 아이들을 돌보는 동안 남편이 먼저 성공하는 것을 지켜보는 것이 썩 기분 좋지는 않았다"고 털어놓았다. 백 교수의 남편은 초대 한국과학자상을 받은 서정헌 서울대학교 화학부 교수다.

연구 성과를 언론에 알리고 지면이나 방송에 얼굴을 내미는 대신 김 교수는 연구 아이디어를 찾는 데 더 많은 시간을 보낸다. 매년 3억씩 정부에서 연구비를 지원받는 창의연구단 성과발표회에서조차 김 교수는 구석자리에 조용히 앉아 있었다. 그러나 연구에 관해서라면 도전을 피하지 않는다. DNA에 비해 상대적으로 주목받지 못하던 RNA 분야에 뛰어든 것도 "남들이 하지 않는 연구를 하고 싶다"는 생각 때문이었다. 어린 나이의 유

백명현 서울대학교 화학부 교수.

학 시절에 김 교수는 본인도 인지하지 못하는 사이에 '창의성'이라는 세계적인 과학업적을 쌓기 위해 가장 중요한 요소를 선택한 셈이다. 과학에 대한 김 교수의 열정은 지금까지 결과를 내는데도 '탄탄대로'다. 2001년 서울대학교 생명과학인력양성사업단 계약교수로 부임한 후 고작 10년 만에 그는 전세계 마이크로RNA 분야에서 손꼽히는 위치에 올랐다. 《네이처》, 《셀》 등 세계 최고의 과학저널에서도 앞 다퉈 그의 논문을 실었다. 후학들 특히 여성과학자에 대한 관심도 높다. 김 교수는 "내가 자라던 시절에는 목표로 삼을 만한 여성 과학자가 거의 없었다"면서 "내가 잘나서가 아니라, 나를 보고 다른 여학생들이 과학을 목표로 삼게 된다면 좋겠다"고 수줍게 말

했다.

여학생들의 롤모델을 꿈꾸는 또 다른 과학자도 있다. 최영주 포스텍 수학과 교수다. 최 교수는 국제 학술지인 《국제정수론저널》의 유일한 한국인 편집위원이자 보형함수의 세계 최고 권위자로 꼽힌다. 그는 "박사과정 당시 전혀 다른 문제로 여겨지던 것들이 정수론의 보형형식론 안에서 하나로 통합되는 것을 보면서 이 분야에 평생을 바치겠다고 다짐했다"고 밝혔다. 그러나 최 교수는 한없이 겸손하다. 입버릇처럼 "나는 아직 아는 것이 별로 없다"고 말한다. 그는 "대학 시절 수학과에 새로 온 두 명의 여교수를 보면서 수학자에 대한 꿈을 키웠다"면서 "나 역시 그런 존재가 된다면 바랄 것이 없겠다"고 했다.

로봇과 뇌를
꿈꾸는 사람들

'제3의 물결'을 쓴 앨빈 토플러, '드림 소사이어티'로 유명해진 롤프 옌센 코펜하겐 미래학연구소 전 소장, 미래학의 창시자로 알려져 있는 짐 데이토 하와이대학교 교수, 아탈리 플래닛파이낸스 회장 등에게 향후 가장 유망한 분야에 대해 물어볼 기회가 있었다.

녹색성장, 원자력, 신재생에너지 등 본인이 관심을 가진 분야에 따라 수많은 얘기들이 오갔지만 공통적으로 등장한 화제는 '로봇'이었다. 로봇을 연구하는 과학자들의 궁극적인 목표는 영화 속 터미네이터처럼 자유롭게 행동하고 스스로 움직일 수 있는 로봇이다. 그러나 현실 속의 로봇은 '휴보'처럼 걷거나 '마루'처럼 춤을 추는 일이 고작이다. 로봇 연구자들은 로봇이 단순한 기계가 아닌 모든 학문의 집합체라는 점에서 그 이유를 찾고 있다. 로봇 연구를 위해서는 기계공학자뿐 아니라 물리학, 화학 등 기초 학문부터 뇌과학, 전자·전기·재료공학에 이르기까지 모든 과학분야의 지식과 기술개발이 필수적이다. 여기에 인간적인 사고 연구를 위해 심리학과, 사회학 등 인문학도 동원돼야 한다.

국내외 로봇 연구자들은 이중 가장 발전이 더딘 분야로 '로봇의 뇌'를 꼽는데 주저하지 않는다. 인간처럼 생각하고, 스스로 움직이는 로봇을 만들기 위해서는 뇌가 필수적이지만 아직 과학자들은 뇌의 외곽만을 맴돌고 있다. 이 분야의 최전선에 한국 과학자들이 있다. 원로 과학자 중에서는 가천의과대학교 조장희 박사와 한국과학기술연구원(KIST)의 신희섭 박사가 첫 손에 꼽힌다. 조 박사는 1973년 CT(컴퓨터 단층촬영장치)의 수학적 원리 분석을 시작으로, PET(양전자 방출 단층촬영장치)와 MRI(자기 공명장치) 등 3대 인체영상기기를 모두 개발한 세계 유일의 과학자다. 일흔이 훌쩍 넘은 지금도 연구에 매진하고 있다.

신 박사의 연구실은 '쥐'로 가득하다. 층층이 문으로 닫혀진 연구실은 먼 거리에서도 동물의 배설물 냄새 때문에 접근하기 힘들 정도다. 유전자 변이를 유발한 수많은 쥐 모델을 이용해 신 박사는 미지의 영역인 파킨슨, 치매 등 뇌질환과 사이코패스 등에 도전하고 있다. 그의 연구를 놓고 KIST 내부에서도 논란은 거세다. 확실치 않은 연구에 지나치게 많은 예산이 소요된다는 이유에서다. 신 박사는 "우리가 알고 있는 뇌는 극히 일부분에 그치고 있고, 이를 알아야만 모든 인간의 문제에 접근할 수 있다"면서 "뇌과학은 하이리스트, 하이리턴의 대표적인 분야"라고 강조했다.

한국과학기술연구원(KIST) 신희섭 박사.

반면 MIT에는 이들과 전혀 다른 뇌 연구의 길을 주도하는 한인 과학자가 있다. 40대의 세바스천 승(한국명 승현준) 교수는 인간처럼 생각하는 컴퓨터를 만들고자 하는 대표적인 과학자다. 그가 개발한 '신경컴퓨터'는 사람의 뇌 속 뉴런의 연결을 모방한 형태로, 전 세계적인 주목을 받고 있다. 승 교수는 "스파게티처럼 얽혀 있는 신경세포들의 연결선을 밝혀내는 것이 현재 집중하고 있는 과제"라며 "각각의 신경세포들이 어떻게 작용하는지를 알 수 있는 '컨넥톰'이라는 뇌신경 연결지도를 만들어낼 것"이라고 밝혔다. 현재 로봇의 뇌를 연구하는 수단으로는 크게 컴퓨터를 고도화해 뇌의 복잡성에 접근해 나가는 전통적인 방식과 승 교수가 주도하는 뇌를 먼저 이해해 컴퓨터의 설계에 적용하는 계산신경과학 등 두 가지가 있다. 승 교수는 "컨넥톰이 먼저 뇌를 구현할지 아니면 컴퓨터가 발전해 뇌의 기능을 갖게 될지는 현재로서는 알 수 없다"고 전제한 뒤, "그러나 두 가지 방법이 일정 수준에 도달한 후 시너지 효과를 낼 것으로 본다"고 전망했다. 이어 "현재 로봇을 만드는 기계공학과, 컴퓨터를 연구하는 전기공학과, 뇌 자체를 연구하는 기초의학 등 다양한 분야와 협동 작업을 진행하고 있다"고 덧붙였다.

그러나 승 교수는 컨넥톰이 완성되더라도 로봇이 인간의 정신이나 의식, 감정 등을 가질 우려는 없다고 잘라 말한다. 그는 "컨넥톰은 신경해부학자들이 100년 이상 연구했지만 밝혀내지 못했던 뇌의 문제에 다른 방식으로 접근해 보는 것이고, 어디까지나 객관적인 데이터를 만들어내는 일에 불과하다"며 "정해진 사고방식에 따라 논리적으로 움직이는 로봇을 만드는 일은 가능하겠지만 감정을 가진 로봇에 대해서는 아직까지 상상조차 할 수 없다"고 밝혔다.

로봇의 동작을 담당하는 기계공학 분야에서도 주목받는 한인 과학자가 있다. 데니스 홍 버지니아대학교 교수의 파트너는 미 해군이다. 3년간 3000만 달러 규모의 소방용 휴머노이드 프로젝트를 진행중이고, 그가 개발한

2008년 호암상 시상식에서 과학상은 김필립 교수(왼쪽 첫 번째), 공학상은 세바스천 승 교수(한국명 승현준, 왼쪽에서 다섯 번째)가 수상했다.

'찰리'는 시장을 선점했던 일본 업체들을 긴장하게 하고 있다. 홍 교수의 단기적인 목표는 가사도우미 로봇이다. 영화 '바이센테니얼맨'의 현실화인 셈이다. 그는 "집이나 가전제품, 청소기구 등은 모두 사람의 활용을 전제로 만들어진 만큼, 로봇 역시 이 같은 동작을 구현하는 것이 우선"이라며 "휴머노이드 연구를 통해 인체의 움직임에 대한 이해도가 높아지면, 의수나 의족 등 보조 장치에서도 획기적인 변화가 일어날 것"이라고 자신했다.

새로운 **학문**의 **창조**
그리고 **융합**

과학이 도전과 실험정신, 창의를 기반으로 한다면 이대열 미국 예일대학교 교수는 이 세 가지를 모두 갖춘 과학자로 평가된다. 그가 집중하고 있는 '신경경제학'이라는 새로운 학문은 분화된 학문이 아닌, 통합의 학문이다. 기존 자연과학의 영역에 갇혀 있는 대신 사람의 의사결정이나 자유의지, 선과 악에 이르기까지 마치 현대에 지킬박사의 실험을 재현하는 분야다. '뉴로마케팅'이라는 새로운 조류의 창시자이기도 한 이 교수는 뇌영상(fMRI)를 통해 정신과 마음의 비밀에 접근하는 시도를 하고 있다. 이 교수는 "뇌의 신경세포의 움직임을 읽어 사람의 마음을 들여다보는 것은 과학이 직접적으로 인간의 마음에 근접하고 있다는 증거"라며 "기존의 경제학 이론이 설명할 수 없던 것들이 과학적으로 입증되고 있다"고 강조했다.

2000년대 이후 한국 학계 최고의 화두는 '통합'이다. 지나치게 쪼개진 한국의 학과와 학문을 서로 연결시켜야 미래형 인간과 새로운 연구를 진행할 수 있다는 논란의 시작은 최재천 이화여자대학교 석좌교수가 시작했다. 그의 스승인 에드워드 윌슨 하버드대학교 교수의 저서 《컨실리언스》를 장대익 동덕여자대학교 교수와 함께 《통섭》이라는 제목으로 한국에 소개하면서부터다. 최 교수는 다위니즘의 최전선에 있다. 생태학자로서 그의 가치도 탄탄하다. 사람을 만나는 일을 극도로 꺼리는 《이기적 유전자》의 저자 리처드 도킨스 옥스퍼드대학교 교수조차도 최 교수가 소개한 사람은 믿고 만날 정도다. 통섭을 말할 때 최 교수는 거침이 없다. '통섭이 필요한

최재천 이화여자대학교
석좌교수.

이유'에 대해 최 교수는 한 모임에서 만난 이영제 성균관대학교 기계공학부 교수와의 사례를 들려줬다. 당시 최 교수는 '떼로 모여있는 개구리는 왜 한 마리가 울면 모두 같이 울까?'에 대한 연구를 3년째 진행중이었다. 실험 대상인 논을 밤낮 가리지 않고 관찰하고 있었지만 어느 개구리가 먼저 우는지, 또 어떤 개구리가 이를 받아서 울고 어떻게 퍼져나가는지 살펴보는데 한계에 달한 상황이었다. 어느 날 모임 중에 이 교수가 최 교수에게 "요즘 어떤 연구를 진행하고 계십니까?"라는 질문을 던졌다. 최 교수의 개구리 연구에 대해 들은 이 교수는 뜻밖에 "그렇게 간단한 문제를 고민하느냐"라며 자신이 도움이 될 수 있다고 말했다.

그로부터 채 한 달이 지나지 않아 이 교수는 최 교수의 연구용 논에 격자 모양의 음향감지 센서를 제작해 설치했다. 센서는 어느 개구리가 먼저 우는지를 감지하는 것은 물론, 논 전체의 개구리가 어떤 패턴으로 울기 시작하는지 누가 먼저 울음을 그치는지까지 일목요연하게 컴퓨터로 정리할 수 있도록 작동했다. 세계 최정상급 생물학자인 최 교수가 3년여에 걸쳐 고민한 문제를 생물학에는 문외한인 이 교수가 단 한 달 만에 너무도 확실하게 정리한 셈이다.

최 교수는 "국내 연구 환경에서는 같은 생물학과 교수들끼리도 옆방에서 무슨 실험을 하는지 잘 모른다"면서 "통섭을 외치는 나 자신도 기계공학이 생물학에 해답을 줄 수 있으리라고는 상상도 하지 못했다"고 말했다.

변방에서 중심으로
도약하는 한국 과학

몇몇 과학자들의 사례를 얘기했지만, 한국 과학은 이미 국내외에서 셀 수 없을 정도로 많은 스타과학자를 보유

하고 있다. 미국 시카고대학교 페르미연구소에는 수백 명의 연구원을 총괄해 연구를 진행하는 김영기 박사가 있고, 피츠버그대학교 나노연구소에는 김홍구 교수가 버티고 있다. 2010년 그래핀으로 노벨상에 가장 근접했던 김필립 컬럼비아대학교 교수는 《네이처》가 수상 불발에 아쉬움을 나타낼 정도고, 펜실베이니아대학교의 댄 리, 드렉셀대학교의 폴 오 교수는 휴머노이드 분야에서 미국 최고로 평가받는다. 의학, 생명공학 분야에서는 일일이 이름을 거론하기 힘들 정도다. 외국인은 자리 잡기 힘든 것으로 알려져 있는 유럽의 막스플랑크, 프라운호퍼, 헬름홀츠, 파스퇴르 등 거대 연구소에서도 한국인 과학자를 찾기 어렵지 않다.

그러나 불과 20년 전만해도 한국인 과학자는 세계 학계의 변방에 불과했다. MIT 기계공학장을 역임한 KAIST 서남표 총장 정도가 고작이었고, 상당수는 중국인으로 오해받는 일도 허다했다. 눈부신 발전이자 상전벽해라는 표현이 아깝지 않다.

특히 한국 과학은 이제 국내에서도 세계적인 연구 성과를 낼만한 역량

고려대에서 열린
과학콘서트에서 열강하고
있는 김영기 교수.

2010년 노벨물리학상 발표
뒤 가장 큰 화제로 떠오른
김필립 미국 컬럼비아대 교수.
그래핀 분야의 세계적
전문가지만 수상자
명단에서는 제외됐다.

을 갖춰가고 있다. 이공계에 대한 확고한 신념을 가진 학생들이 서로 경쟁하며 커나간 후, 미국이나 유럽 등 세계 최고의 연구환경을 경험한 후 돌아오는 시스템은 한국 과학의 가장 큰 자산이다. 이들은 물리적인 거리에 구애받지 않고, 세계적인 과학자들과 공동연구를 진행하며 수많은 결과물들을 쏟아내고 있다.

2001년 노벨화학상 수상자인 일본 이화학연구소의 료지 노요리 이사장은 한국을 찾아 여러 연구실을 둘러본 후 "해외 유수의 대학에서 수학한 과학자들이 고국으로 돌아와 성과를 내고 있는 것을 보면 한국이 부럽다"면서 "바람직한 연구문화를 지속적으로 만들어낸다면 한국 과학의 성장 가능성은 무한하다"고 평가했다. 일각에서는 한국을 '제2의 스위스'로 평가하기도 한다. 스위스는 전체 면적이 우리나라의 절반이고, 인구는 6분의 1에 불과하다. 총소득은 세계 20위권을 밑돈다. 그러나 1인당 소득은 세계 6위, 논문의 피인용지수는 세계에서 가장 높다. 민동필 기초기술연구회 이사장은 "중국이 과학을 접근하는 방식이 양에 있고, 일본이 질과 양의 애매한 위치에 있는 만큼 한국은 인재와 핵심적인 연구분야에 집중해야 한다"면서 "이 같은 풍토를 만들어나가는 것이 결국 한국이 세계 과학의 변방에서 중심으로 들어올 수 있는 수단"이라고 밝혔다.